身心修行

舍得

于舍得中见智慧

在舍得后悟人生

墨竹 著

台海出版社

图书在版编目（CIP）数据

舍得 / 墨竹著. —北京：台海出版社，2018.4（2024.3 重印）

ISBN 978－7－5168－1801－5

Ⅰ.①舍… Ⅱ.①墨… Ⅲ.①人生哲学－通俗读物
Ⅳ.①B821－49

中国版本图书馆 CIP 数据核字(2018)第 053011 号

舍 得

著　　者：墨　竹

责任编辑：高惠娟　赵旭雯　　装帧设计：天下书装

版式设计：天下书装　　责任印制：蔡　旭

出版发行：台海出版社

地　　址：北京市东城区景山东街 20 号　邮政编码：100009

电　　话：010－64041652(发行,邮购)

传　　真：010－84045799(总编室)

网　　址：www.taimeng.org.cn/thcbs/default.htm

E－mail：thcbs@126.com

经　　销：全国各地新华书店

印　　刷：三河市天润建兴印务有限公司

本书如有破损、缺页、装订错误,请与本社联系调换

开　　本：880mm×1230mm　1/32

字　　数：160 千字　印　张：8

版　　次：2018 年 4 月第 1 版　印　次：2024 年 3 月第 4 次印刷

书　　号：ISBN 978－7－5168－1801－5

定　　价：38.00 元

前 言

著名作家贾平凹曾经说过："会活的人，或者说取得成功的人，其实懂得了两个字：舍得。不舍不得，小舍小得，大舍大得。"这与一代高僧弘一法师所说的"舍得，舍得，有舍才有得"如出一辙。

与关于"舍得"的智慧，诸子百家都有经典的论调。儒家认为，舍恶以得仁，舍欲而得圣；道家认为，舍就是无为，得就是有为，正所谓"无为而无不为"；佛家认为，舍就是得，得就是舍，正所谓"色即是空，空即是色"。

那么，在现代人眼里，"舍得"是什么呢?

其实，在现代人看来，"舍"就是舍弃，就是放下，就是忘却，"得"就是收获，就是成果，就是珍惜。由此可见，舍与得虽说是一对反义词，但却是事物不可或缺的两面，舍与得相伴相生，相辅相成，统一于一体。

人之所以活得累，根本原因是有太多的“舍不得”。因为舍不得，放不下，忘不了，所以人才容易被名利所困，才容易被情所扰，才会被欲迷了心窍。结果活得纠结，活得烦恼，活得不自在，活得迷失自我。只想得到，却不想舍弃，到最后往往会失去一切。因为以舍为得，从舍中得，才是人生的最大智慧。

看看自然界，处处皆有舍与得的智慧。果树舍弃了灿烂的夏花，才能得到丰实的果实；鸣蝉舍弃了坚硬的外壳，才能破茧成蝶、振臂高歌；壁虎大难之下舍弃尾巴，才能保全性命；雄螳螂舍弃性命求得真爱，才能使下一代繁衍生息；潺潺的溪流舍弃了安逸，才能汇入大海；凤凰舍弃生命，才得以涅槃重生……

舍得舍得，小舍小得，大舍大得，难舍难得。一个人要想成就一番大事业、获得幸福的爱情、享受快乐自在的生活、与人和谐相处，就必须领悟舍得的智慧。舍得不仅仅是一门学问，一门智慧，一种能力，一种觉悟，更是一种思想境界。面对人生的考验，唯有具备舍得这种思想境界的人，方能游刃有余地应对。

舍得是一种淡定。正所谓：“宠辱不惊，闲看庭前花开花落；去留随意，漫随天外云卷云舒。”人生若能如此，实乃可贵。舍得身外的名利和虚荣，舍得诱人的利益和荣誉，可以得到一世的自在和潇洒。

舍得是一种宽容。正所谓：“得饶人处且饶人。”在与人交往中，面对人际关系中的小磕小碰，不妨舍弃计较之心，大度地宽容。在有理的时候，选择宽容是深明大义的表现，往往会赢得别人的敬重和好感，从而让人际关系更加和谐。宽容别人，让自己活得一身轻松，实则是善待自己。

舍得是一种选择。两千多年前，孟子就说过："鱼，我所欲也，熊掌亦我所欲也；二者不可得兼，舍鱼而取熊掌者也。"舍得不是全盘抛弃，而是权衡利弊，舍小取大，舍轻取重。因此，从本质上来说，舍得是一种选择。

舍得是一种放下。舍得名利，意味着放下名利；舍得权势，意味着放下权势；舍得美色，意味着放下美色；舍得痛苦，意味着放下痛苦……舍得的同时，也是放下。只有学会放下，人才能快乐。

舍得是一种忘却。有句话说得很好："牢记是一种责任，淡忘是一种智慧。"在舍弃的同时，将某个东西从记忆中清除，这是对过去的淡然处之，也是对未来的轻松展望。忘却痛苦和忧愁，人才能一生过得快乐和幸福。

舍得是一种珍惜。如果你为错过了太阳而流泪，那么你也将错过群星。这句话告诉我们，在舍弃之后，我们要做的就是珍惜。唯有用心珍惜，舍得才有意义。

目录

MU LU

第一章　人活得太累，是因为有太多的舍不得

1. 人活得太累，是因为想要的太多 / 003
2. 因为疑念太多，所以烦恼不断 / 006
3. 攀比，没有胜者的追逐游戏 / 007
4. 淡泊名利，才能享受人生 / 010
5. 因为舍得，所以快乐 / 013
6. 与其抱残守缺，不如把心放宽 / 016
7. 坦然面对人生的得与失 / 019
8. 舍弃世俗的偏见，相信自己 / 021

第二章　欲望少一点，快乐就会多一点

1. 欲望太多会让人迷失本性 / 027
2. 心快乐了，生命才会快乐 / 030

3. 少一点期待，就多一点满足 / 032
4. 给自己的欲望“瘦瘦身” / 035
5. 学会取舍，才能云淡风轻 / 038
6. 用童心对待生活，才能够畅快淋漓 / 041
7. 荣辱不惊，平平淡淡才是真 / 044

第三章　人生苦短，要学会善待自己

1. 这个世界上，最爱你的人是你自己 / 049
2. 生活再累，也要学会忙里偷闲 / 051
3. 活在自己的心里，而不是别人的眼里 / 054
4. 有张有弛，在一呼一吸间享受生活 / 057
5. 放开手脚，去做你喜欢做的事吧 / 060
6. 不要为他人的批评而抓狂 / 062
7. 乐观起来，再苦也要笑一笑 / 065
8. 善待人生，遇见最幸福的自己 / 068

第四章　舍弃浮华，淡定的人生不寂寞

1. 生活本来就是平平淡淡的，为何一定要轰轰烈烈 / 073
2. 心淡定，就不怕琐事扰乱生活 / 075
3. 成功要耐得住寂寞，禁得起诱惑 / 078
4. 不以物喜，不以己悲，是人生的大智慧 / 081

5. 远离浮躁，让心境充实起来 / 084
6. 冲动是魔鬼，学会控制自己的情绪 / 087
7. 在压力中，也可以让心闲庭信步 / 090
8. 压力来自外界的强加，淡定就是让自己内心强大 / 092

第五章　幸福其实很简单

1. 幸福就像手心里的沙，握得越紧失去越多 / 097
2. 随遇而安的心灵，到哪里都是幸福 / 100
3. 太忙碌，会错失身边的风景 / 102
4. 适时放弃，就会有另一种收获 / 105
5. 放下包袱才能走得更远 / 108
6. 放下手头的工作，给自己的心灵放个假 / 110
7. 把生活过得简单就是幸福 / 113
8. 活在当下就是最大的幸福 / 116

第六章　舍得的真意是懂得珍惜

1. 懂得珍惜，生活才会更美满 / 121
2. 鱼和熊掌不能兼得 / 123
3. 把每一天当作生命的最后一天来过 / 126
4. 在还没有失去时，将幸福紧紧握在手中 / 128
5. 人生看透不看破，以出世之心做入世之事 / 131

6. 看开点儿，人生没有过不去的坎 / 134
7. 珍惜眼前的人，不要等到失去时才追悔莫及 / 136
8. 珍惜眼前的风景，不让美丽稍纵即逝 / 140

第七章　接受缺憾与平淡，世界上不存在完美

1. 抱怨不完美，只会让自己活得更累 / 145
2. 人生永不完美，试着容忍瑕疵的存在 / 148
3. 缺陷是衬托美好的绿叶 / 150
4. 换个角度，你会看到更美的风景 / 153
5. 改变自己，适应不完美的人生 / 155
6. 对自己不苛求，学会接纳不完美的自己 / 158
7. 顺其自然，凡事不可太强求 / 161
8. 平凡却不平庸，生活照样精彩无限 / 163

第八章　舍弃计较之心，学会宽容

1. 人之所以痛苦，是因为计较的太多 / 169
2. 计较是用别人的错误来惩罚自己 / 172
3. 世界上没有绝对的输赢，不必凡事都要争个明白 / 175
4. 将怨恨收藏于心，只会让自己再度受到伤害 / 177
5. 不争一时长短，不计眼前得失 / 181
6. 学会原谅，让自己心安理得 / 183

7. 包容是一种参透人生的淡定 / 186
8. 难得糊涂是良训，做人不要太较真 / 188

第九章　放下，便是人生大自在

1. 有时，太过于执着也是一种错 / 193
2. 拿得起，放得下，方能活得轻松自在 / 196
3. 心灵的轻盈，源于那份洒脱无羁 / 198
4. 要向前看、不向后看，要向好看、不向坏看 / 201
5. 得不到就放手，抓不到就转身 / 203
6. 不愉快的事，就让我们忘记吧 / 206
7. 放下对手，也放下自己 / 210
8. 放下烦恼，快乐其实很简单 / 213

第十章　拥有空杯心态，随时从零开始

1. 清除心灵的杂念，宁静方能致远 / 219
2. 生命之舟需轻载，减法生活更精彩 / 222
3. 放低姿态，你才能获得更多 / 225
4. 每一次跌倒，都是为了再爬起 / 228
5. 不堪重负就归零，及时忘却也是一种能力 / 231
6. 不惧怕任何挫折，活出强者气势 / 234
7. 放下过去的荣耀，不断创造新的辉煌 / 238

第一章

人活得太累，是因为有太多的舍不得

“舍”是一种生存本领，“得”是一门处世智慧，没有思想境界的人“舍不得”，没有能力的人“得不到”。人生就是这样一个有舍有得、有得有失的交替过程。一个人活得太累，不是因为生活让他累，而是因为他有太多的“舍不得”。只有当他懂得取舍时，学会了放下那些无谓的舍不得时，他才能与累彻底说“再见”，才有机会拥抱快乐。

第一章

1. 人活得太累，是因为想要的太多

生活中，我们经常听到有人哀叹："唉！活得真累！"哪里累呢？其实不是身体累，而是心里累。因为人要生存，就必须有物质做基础，但是很多人对物质的索取是无止境的，想要的太多，又难以得到，因此，人心就在渴望和失望之间扭曲，就很难体会到生活中的快乐。事实上，生活中的快乐是实实在在的，你没有发现它，是因为贪欲蒙蔽了你的双眼，堵塞了你的心智，使你在物欲的追求之路上不肯停下来休息，这样怎么会不累呢？

很久之前的一个晚上，一位巴格达商人在静寂无人的山路上行走。忽然，他听到一个神秘的声音对他说："请你弯下腰来，捡起路边的几个石子放在背包中，明天早晨你将因此得到欢乐。"商人虽然不相信石头会给他带来快乐，但还是弯下腰去，捡起了几个石头放入背包中，然后继续赶路。

第二天早晨，太阳升起来了，商人这才意识到背包里有

石头，于是掏出石头一看，顿时惊呆了。原来，他掏出的石头并非普通的石头，而是一块闪闪发亮的钻石。商人激动不已，他继续掏第二颗石头、第三颗石头、第四颗石头……结果发现这些并不是石头，而是各种各样的宝石——红宝石、绿宝石、蓝宝石……

商人高兴得快要疯了，心想：这些宝石可以卖多少钱啊?！这一下我要发大财了。可是他转念一想：不对，昨天晚上我为什么不多捡几颗宝石呢？想到这里，商人马上坐不住了，他返回到那条山路，一路仔细地寻找宝石，可是他看到的是一堆廉价的普通石头。从那以后，他的内心充满了懊悔，整天捧着那几块宝石郁郁寡欢。

商人之所以不快乐，是因为他想要的太多，是因为他的内心不知足。因为填不满内心的贪欲，舍不得诱人的宝石，所以，他每天活在懊恼和痛苦之中，这就是心累的根源。而一个懂得知足的人，才会珍惜已经拥有的东西，从而能够轻松快乐地生活。

乌龟爬得慢，是因为负重太多；人活得累，是因为有太多的舍不得。因为舍不得，所以内心时刻惦记着。因为惦记着，时刻分心分神，而人的精力是有限的，心神也是难以多用的，因此，人就很容易疲惫不堪。

很多人一心只想拥有得更多，只想爬得更高，却忽视了心灵的休憩。这种过度的欲望会把人引向没有止境的深渊。为什么在这个物质丰富的社会中，很多人却觉得自己离快乐越来越远呢？其实，问题的关键在于他们被欲望冲昏了头脑，活得没有了追求，失去了精神寄托。殊不知，贪婪是一种顽疾，会让人中毒身亡。当一个人贪求厚利、毫不知足时，等待他的将是痛苦的判决，等待他的将是自我毁灭。

其实，每个人所需要的东西都是有限的，房子够住就行，金钱够花就行，为何有了一套房子，还想要更多呢？为何赚了一笔还想再赚一笔呢？过度的欲望就像洪水，它源源不断，没有休止，没有尽头，最终会将贪欲者淹没。

为什么有些花儿几天无人照料，就会枯萎，而仙人掌却不这样呢？与其说仙人掌生命力顽强，不如说它对阳光、雨露的欲求不多。其实，人也应该这样。物欲是无穷的，生命是有限的。一个人要想在有限的生命里永远活得轻松快乐，就必须舍弃不切实际的欲望，学会顺其自然地、平平淡淡地看待物质，得之不狂喜，失之无悔意，这样才能感受到生命的美好，才能发现所拥有的快乐。

物质可以无限制地增加，但如果没有健康的身体，你也失去了享受的意义。尽管“水往低处流，人往高处走”是永恒不变的规律，尽管有追求的人生才充满精彩，可是这并不能否定节制欲望、平淡生活的意义。

人活在世，前后不过几十年，为什么不换一种活法，抛弃欲望的重负，享受轻松愉悦的人生呢？千万不要等到生命走到了尽头，在回首往昔时，才发现自己穷得只剩下钱了，却没有美好的欢愉，这样的人生岂不是毫无色彩可言？所以，清心寡欲一点吧，试着让自己活得轻松一点，过得自在一点，这才叫不枉此生。

2. 因为疑念太多，所以烦恼不断

有一对夫妻感情很好，结婚多年，从未拌过嘴。不过，妻子的一个行为让丈夫充满疑念，男人不理解为什么妻子一直锁着一个抽屉，而且把钥匙藏着，从来不当着他的面打开抽屉。男人不好意思问妻子，因为那是妻子唯一的秘密，但是他内心一直惦记着这个抽屉，并想象了里面有多种可能性的秘密。

这天，妻子出差了，男人实在忍不住了，在一股强烈的欲望的驱使下，他翻箱倒柜，找到了那个抽屉的钥匙，然后打开了那个抽屉。然而，当他把抽屉打开，看到里面的东西时，顿时愣住了。因为里面全是男人写给前女友、前女友没接收而退回来的信，而且一封都没拆。

男人愣了半天，突然他对妻子充满了愧疚和歉意。因为在结婚这些年，男人虽然和妻子关系不错，但是对前女友依然念念不忘，经常忍不住给前女友写信。

几分钟后，男人轻轻锁上抽屉，把钥匙放回原地。从此，他再也不想这个抽屉的事，再也不和前女友联系，并且不再怀疑妻子。

适当的警惕心是好的，但如果事事都不相信别人，习惯于用充满怀疑的眼神审视别人，那么时间久了，我们就很容易变得疑神疑鬼，这样一来，无端的猜测和怀疑将会伤害到别人，给真实的生活蒙上一层不信任的阴影。俗话说“贼眼看人，人人皆贼”就是这个道理。

有个人丢失了一把斧子，找了半天也没找到，于是他怀疑是邻居偷了他的斧子。在这种疑念的支配下，他觉得邻居走路的样子、说话的声调、面部表情和常人不一样，活生生就像一个小偷。后来，他找到了斧子，他再看邻居时，觉得他的一举一动、一言一行，都非常友善，一点都不像偷东西的人。

人与人之间，最不能缺少的就是信任。因为信任就像一条连接生命的脐带，维系着人与人心灵的沟通。如果这条脐带断裂了，人与人之间的感情就难以维系，那么生活就会失去很多乐趣。况且人与人之间的信任感原本不那么容易建立起来，但却很容易被破坏，而且一旦破坏，就更加难以建立起来。所以，请珍惜身边的人，请对他们多一分信任。这样我们才不会被疑念困扰，才能生活得轻松自在。

3. 攀比，没有胜者的追逐游戏

俗话说：“知足常乐。”可是真正知足的人又有几个？在生活中，很多人都有较强的虚荣心，迷恋于攀比，比赢了，似乎能显得自己高人一等，让自己有一种优越感；比输了，就会徒增烦恼，莫名感伤，觉得自己不如人。

父母对孩子说："你看人家，学习成绩那么好，你怎么就这么不争气呢?"于是孩子伤心难过起来；妻子对丈夫说："你看人家丈夫，又会赚钱，又疼老婆，给老婆买衣服、化妆品，把老婆打扮得漂漂亮亮的，你怎么一点出息都没有?"于是丈夫失落了。很多人就是在这样的嫉妒与攀比中迷失了自己，也毁灭了家人的幸福。

丹红和方玲是大学的同班同学，两个人长得都非常漂亮，而且是关系不错的朋友。丹红大方能干，方玲有一位有权有势的父亲。大学毕业之后，丹红进入了一家图书馆工作，而方玲在父亲的帮助下，进入了一个政府机关工作。不久后，方玲分到了一套房子，而且找到了一个英俊帅气的男朋友，而丹红在工作岗位上表现平平，一无所获。

丹红心想，在学校的时候，自己的学习成绩比方玲优秀，长得也不比她差，凭什么自己一无所有，而她什么都有呢？于是丹红对方玲产生了嫉妒心理，并暗自较劲，一定要努力超过方玲。为了有一套自己的房子，丹红居然辞职做了一个企业老板的情人，然后借助对方的力量获得了一套房子。正当丹红为即将得到房子而高兴时，方玲已经和丈夫一起移民去了意大利。

方玲走后，丹红不但没有开心，反而很失落。在幡然醒悟之后，丹红认识到自己盲目攀比的行为有多么可笑，于是她离开了那家企业，离开了那个自己不爱的男人，回到了图书馆，开始了新的工作和生活。

其实，丹红从大学毕业之后，就失去了自我，她一直都跟在方玲后面走，她活得失去了人生方向，而仅仅是为了追赶并超过方玲。在这个过程中，她过得并不快乐，直到方玲移民后她放下了心中的包袱，才重新做回了自己。丹红的故事告诉我们：永远不要盲目攀比，而要做真实的自己，发现属于自己的快乐，享受自己独特的生活。

攀比是痛苦的根源，也是一场没有胜利者的追逐游戏，无论你多么强大，只要你迷上了攀比，你永远都是失败者。正所谓“人比人，气死人”，即使你是亿万富翁，只要你爱攀比，你也会找到比自己更有钱的人，并为此郁郁寡欢。

其实，你已经非常优秀了，但因为攀比，你让自己活得不快乐，这不是在和自己过不去吗？要知道，事物总是在不断变化的，当你发现自己不如别人时，别忘了，还有很多人不如你，如果你能这么想，那么你的心态会平和很多。而那些过得闷闷不乐的人，并非自己的处境多么悲惨，而是因为他们只看到了别人的优势，却忽视了自己的闪光点。这样一来，怎么可能活得开心、过得幸福呢？

美国著名的作家亨利·曼肯说过：“如果你想幸福，有一件事非常简单，就是与那些不如你的人，比你更穷、房子更小、车子更破的人相比，你的幸福感就会增加。”的确，比上不足，比下有余，这就是人生的最真实的体验，只要你能保持一颗淡然知足的心，你总能收获一份恬静的好心情。

4. 淡泊名利，才能享受人生

自古以来，人们就重视追求名利，尤其是在当今这个浮躁的年代，名利对每一个凡夫俗子，都有着无法言喻的诱惑。很多人不惜劳心伤神，蝇营狗苟；不惜钩心斗角，沽名钓誉；不惜机关算尽，背后使诈。结果被名利的缰绳牵绊了，完全忘却了生活本身的快乐。

其实，名与利从来都是不由人的。杜甫说："何用浮名绊此生!"没想到，他死后成了中国文学史上一位后人无法跨越的丰碑；柳永说："忍把浮名，换了浅斟低唱。"尽管他失去了功名利禄，一生穷困潦倒，但依旧留下了"一代才子词人"的不朽名号。

还有那些不求名利、超脱尘世的僧人，当他们成为得道高僧之后，便退隐山林，没想到却能招来很多人的仰慕。本不打算扬名立万，却无意间传播了好名声，获得了名利。由此可见，名利无须刻意追求，更不用不择手段，只要你做好自己该做的，名利自然而然会降临到你的头上。

法国物理学家居里夫人和她的丈夫比埃尔·居里都是放射性物质的早期研究者。1895 年，他们结婚时，新房里只有两把椅子，比埃尔·居里觉得椅子太少了，建议增加几把椅子，免得客人来了没地方坐，但是居里夫人却说："有椅子是好的，可是，客人坐下来就不走啦。为了多一点儿时间搞研究，还是算了吧。”

后来，他们夫妻二人共同发现了放射性元素钋（Po）和镭（Ra），并因此获得了1903年的诺贝尔物理学奖。成名之后，居里夫人继续默默耕耘在自己的岗位上，用心研究了镭在化学和医学上的应用，并成功分离出纯的金属镭，且因此获得了1911年的诺贝尔化学奖。

尽管居里夫人名声越来越大，但是她既不求名，也不求利。她的一生获得了16枚奖章，各种名誉头衔117个，但是她对这些并不在意。有一次，一位朋友到居里夫人家做客，看见居里夫人的小女儿拿着英国皇家学会不久前颁发给她的金质奖章玩，顿时惊讶地说：“居里夫人，你能得到英国皇家学会的奖章，这是多么高的荣誉啊，你怎么能给孩子玩呢？”

居里夫人笑着说：“我是想让孩子从小就知道，荣誉就像玩具，只能玩玩而已，绝不能看得太重，否则将一事无成。”

随着居里夫人逐渐名扬天下，她的年薪也越来越多。从1953年开始，她的年薪已增至4万法郎，但是她依然那么“吝啬”。每次从国外回来，她都会把宴会上的菜单带回来，因为这些菜单是用很好的纸张制作的，在这些菜单上写字很方便。

居里夫人淡泊名利，得而不喜、失而不忧的人生境界，实在难能可贵，值得我们每一个人学习。人生一世，草木一秋。每个人来到世上，不过是一个来去匆匆的过客。名利都是过眼云烟，都是身外之物，生不带来，死不带去，如果为名利所累，实在是得不偿失。

人生的意义应该在于发挥自己所长，追随内心的兴趣，去充实自己，去磨炼自己，去享受追求过程中的乐趣，并把自己所知、所有、所得的名利与他人分享。这样，你才能拥有更广阔的生活空间，才能拥有更加丰富多彩的人生。发明大王爱迪生曾经说过："我这辈子没工作过一天，每天都在游戏玩耍，快乐无比！"如果你有这般知足，那么你的生活还愁没有快乐吗？你还愁成不了赢家吗？

在名利面前，我们应该保持平和的心境，保持淡泊的境界。当名利来到面前时，学会欣然接受，当名利从手中溜走时，学会释然放手。面对鲜花和掌声，不得意忘形；面对冷嘲热讽，不颓废沮丧；面对流言蜚语，不愤懑失态；面对失意跌宕，不忧愁伤怀……这就叫"宠辱不惊，看庭前花开花落；去留无意，望天上云卷云舒"。这般从容、洒脱，是一种深厚的人生修养。

淡泊名利，是一份豁达的心态，是一种崇高的境界，是一种高深的觉醒。淡泊名利，淡泊人生，不是消极逃避的处世态度，也不是看破红尘的思想积淀，而是在工作之余，多一份清醒，多一份思考，多一份对名利的舍弃。所以，选择淡泊吧！不要只知道埋头苦干，不要只知道一味求索，不妨偶尔抬头看一看蓝天白云，让自己的心灵从平淡中获得一些慰藉，让自己的灵魂在安逸中获得一种超越。

5. 因为舍得，所以快乐

太阳因为舍得散发热量而给人温暖，使人在寒冬对它充满向往；花朵因为舍得散发芬芳而令人喜悦，使人愿意用心把它欣赏。人生何曾不是这样？因为舍得而获得尊重，因为舍得而获得真情，因为舍得而获得快乐。

在一列飞速行驶的火车上，一位老人不小心把刚买的新鞋碰到了窗外，就在周围旅客为之惋惜时，老人迅速将另一只鞋子扔出窗外。此情此景，让众人颇为不解，老人却从容一笑，说："虽然这是我花钱买来的鞋子，但丢了一只，剩下的一只对我来说已经失去意义了，倒不如把它扔下去，这样人家捡到的是一双鞋子，说不定还可以穿呢！"

老人丢了一只鞋子后，毅然丢下另一只鞋子，这种舍得是一种成熟，是一种睿智，更是一种高尚的情怀。一般来说，人总是飘飘然于拥有的喜悦，而悲戚戚于失去的伤怀。但老人却以豁达之心，超脱于尘世，在"舍得"之际收获一颗安然的心。

因为舍得，所以快乐。很多人习惯于从贪欲中追求快乐，从自私的占有中获得快乐，从物质的享受中获得快乐，但真正的智者却在舍得中收获快乐。舍得不仅仅拘泥于物质，还包括精神上的舍得。舍得一句赞美，收获别人开心的笑容，我们也因此开心；舍得一个笑容，换来别人的一个笑容，我们会笑得更加欢心。

有一种压水机，他需要先倒入一勺水，才能引出井中清凉的水，这不正是舍得的真意吗？很多时候，我们在舍得一点财物之后，得到的是更纯粹的需要，获得的是更真实的满足。相反，若是“舍不得”，那么人生注定会活得累。

舍得是一种智慧。当人为事业疲于奔命，为钱财迷失自己时，得到的是物质上的东西，但却可能失去心灵的快乐；舍得是一种心境，正如古人所言：“相由心生，烦恼皆自添，若为舍不得，又怎寻快乐。”如果你没有舍得的心境，就会因舍不得而痛苦，如果你想快乐，就应该学会舍得。

有个人拥有让人羡慕的工作，收入颇丰；拥有十分贤惠的老婆，每天回家都有热腾腾的饭菜和温馨的爱意。可是，有一次，在公司的联谊舞会上，他遇见了一个十分漂亮的女子，于是“凡心”大动。他忘记了家中深爱自己的老婆，忘记了工作上的事情，他的脑子里全是那个女人，上班时无精打采，回家后有气无力，晚上辗转难眠。

妻子看到丈夫整日唉声叹气、萎靡不振，非常着急，就带他到医院检查，医生说他身体没病，病在心理。后来，妻子带着丈夫找到心理医生，经过一番聊天沟通，医生得知这个男人心病的根源，经过一番深入的开导，男人意识到自己精神出轨的错误，从此再也不对那个姑娘朝思暮想了，很快他又恢复了往日的自信和风度。

舍得是一种领悟，面对不切实际的感情时，如果你不醒悟，不放手，就会被情所困，这痛苦的不只是你自己，也会伤害爱你的人。只有敢于舍弃，才能获得快乐。舍得是一种珍惜，舍去眼花缭乱的诱惑，珍惜当下所拥有的幸福，才能安心地生活。如果你舍不得，一切美好的生活都将因此而被磨灭。

网络上曾流行一句话："舍不得残忍，就是对自己的残忍。"用这句话来形容这个故事中的女人，实在恰当到极点。因为舍不得，所以暧昧不清，充满期待，又觉得遗憾，这就是心累的关键所在。

大千世界，万物有情，人活得累，就是因为有太多的舍不得，被舍不得迷惑了双眼，才看不到应有的快乐与幸福。其实，舍得与舍不得，都在心中装着，如果舍不得平坦大道的安逸，又怎能感受崎岖山路的旖旎风光？如果舍不得闯危险山洞，又何来走出洞口后的豁然开朗？什么叫作"别有洞天"？什么叫作"柳暗花明"？这全都在一舍一得之间，因为舍不得，所以纠结痛苦；因为舍得，所以快乐幸福。

舍得不是放弃所有，而是冷静看待事物，仔细观察生活，什么该舍，就舍弃，绝不盲目追求，紧紧攥在双手。要知道，紧握拳头，手里什么都没有，张开五指，得到的是全世界。人生路漫漫，生活却短暂，幸福要靠自己把握，生活就图个快乐。所以，舍弃那些让你惶惶不安的东西吧，你将因此获得纯真，获得心安，获得快乐。

6. 与其抱残守缺，不如把心放宽

黄河之水天上来，奔流到海不复回。人世间，有些事情是不能重新开始的，一旦失去，就难以再拥有；一旦破碎，就难以黏合。就像“打翻的牛奶”，又如“难圆的破镜”。既然都已经回不去了，为何不把心放宽些，坦然地舍弃，淡然地接受现实呢？

孙先生的儿子做作业的时候不专心，手里不停地摆弄台灯旁的陶瓷存钱罐。突然，他一不小心，手中的存钱罐掉到地上摔碎了。孩子看见心爱的存钱罐摔碎了，搂着破碎的存钱罐，伤心地哭了起来。

没过几分钟，他停止了哭泣，而是在那里清点存钱罐里的硬币。只见他一边数，一边开心地笑，神情特别专注，叫人不忍心打搅。一分钟……两分钟……他还在数，他的表情是那么满足，又是那么平静。

儿子的举动不由得引发了孙先生的深思，让他突然有一种羞愧感。记得那是一年前，爱好收藏古董的他几近于痴狂，每次把玩古董时都十分小心。有一次，家里来了一个朋友，朋友也非常喜欢收藏，因此，孙先生把自己的收藏品给朋友欣赏和把玩，可是朋友不小心，把他的藏品摔碎了。为此，他伤心了大半年，对那位朋友也心怀怨恨。

直到有一天，他意识到：破碎的藏品是不可能复原的，与其抱残守缺空生恨，不如把心放宽结善缘。于是，他选择原谅那位朋友，也选择舍弃那个破碎的藏品，而且从那以后，他不再那么痴迷于藏品，他觉得应该痴迷于快乐才对，就这样，他慢慢找回了迷失已久的快乐。

破碎了，又怎样？只要有一颗舍得之心，一样可以欣赏破碎的美丽。失去了，又怎样？只要有一颗淡然之心，失去的风景也可以成为美好的回忆。相反，为破碎的东西哀伤，为失去的东西懊悔，除了劳心伤神，分散精力，没有一丁点好处。

生活中，对于某些已经失去的重要东西，我们往往会在心理上投下阴影。究其原因，不过是因为舍不得，因为舍不得，所以才会不断沉湎于不复存在的东西上。事实上，与其抱残守缺，不如断然舍弃；与其为失去而懊恼，不如快乐地面对现实。

俄国诗人普希金曾在一首诗中写道："一切都是暂时的，一切都会消逝；让失去的变为可爱。"是的，失去的不一定会让你为之忧伤，你完全可以让失去的成为一种美丽；失去的不一定是损失，有可能是另一种收获。只要你抱着达观的心态去生活，残碎的也是美丽的，失去的也是可爱的。

譬如，当你爱上一个不爱你的人时，你的世界就畏缩在你对他的感情上。他的一举手、一投足，都能把你的注意力吸引过去，他的一笑一忧，都能成为你快乐或失落的源泉。或许你明知道他不属于你，但你却舍不得放手，硬撑着去强求。也许是处于盲目自信，也许是相信精诚所至、金石为开，于是你不断地追求，却遭来不断的拒绝，你因此变得不快乐。

其实，与其这般抱残守缺，不如把心放宽，试着站远一点去欣赏，也许你会发现：喜欢不一定要得到，就像周敦颐的《爱莲说》中说的："可远观而不可亵玩焉。"静静地欣赏也是一种快乐；你迷恋的东西不一定真的就美丽，距离也许会让你变得清醒，让你不再迷醉。这就是生活，它有时候会逼迫你，让你不得不放手，不得不向现实妥协，不得不放走所谓的"机遇"，因此，你必须学会放弃。

然而，放弃并非易事，那是需要很大勇气的。就如刘翔放弃比赛，面对的是千千万万观众的愤怒和不满；但是放弃又是明智的，因为放弃之后，才能重新投入新生活，才能获得新的转机。很多人正是缺少了放弃的智慧，他们宁愿抱残守缺，宁愿倔强硬撑，可是结果呢？除赢得一个"莽夫"的绰号外，还能沾上"智者"的美誉吗？

大千世界，舍与得总是相伴相随的。人的一生，就是一个充满舍与得的矛盾体。当你懂得了"舍"的真意时，你就能理解"失之东隅，收之桑榆"的奥妙。当你懂得了"舍"的真意时，你的内心就会与世界一样博大。"舍"是一种睿智，可以放飞心灵，可以还原本性，可以让你真正安心地享受人生。

7. 坦然面对人生的得与失

著名诗人、散文家徐志摩曾说过："我将于茫茫人海中访我唯一灵魂的伴侣，得之我幸，不得我命。"既然得之是幸，失之是命，又为何与命运苦苦抗争呢？当我们处心积虑地得到什么时，也在无可奈何地失去什么。这就叫"鱼和熊掌不可兼得"，所以，这要求我们有"得不是喜，失不是忧"的情怀，想想生命的可贵，想想美好的奋斗过程，不去计较得与失的烦恼。

智者看待生命，善用"加减法"，由此把生命诠释得那般美好：10 岁时，失去了童真，却收获了青春；20 岁时，失去了青春，却收获了理智；30 岁时，失去了活力，却收获了成熟……生命就在这得与失中孕育和成长。由此可见，得中有失，失中有得。

有一个青年乘船时，遭遇了暴风雨，巨大的风浪将他连人带船冲到了一个荒岛上。幸运的是，他的生命还在，而且没有受什么伤，只是若无人烟的孤岛让他感到害怕。因此，他每天都在翘首以待，希望有船经过附近，好搭救他。

然而，一天过去了，两天过去了，三天过去了，他始终没有盼到船只出现。为了能活下去，他找来一些树木，搭起了一个简单的"房子"，也好避避雨。一天，当他外出找食物时，由于忘了熄灭"房子"里的火，结果房子被烧毁了。

看着滚滚浓烟弥漫在空中，青年顿时无比绝望，他觉得生命可能快要结束了。

但是没想到，几个小时后，当他还沉浸在痛苦中时，一艘游轮向他所在的小岛驶来。当他被救上游轮时，忍不住问道：“你们怎么发现我的呢？为什么前几天没有发现我？”救援人员说：“我看见你燃放的烟火信号，所以，就顺着方向过来了。”

青年听后，简直不敢相信自己的耳朵，因为那场让他彻底绝望的大火，居然是自己的获救信号。

得与失总是难以界定的，有时得与失就在一瞬间实现了转换。有人说：“如果你不懂得悲伤，也就不曾真正懂得快乐。”得与失的关系就是这样，如果你没经历过失去，又怎能懂得获得？人的一生原本就是一个充满戏剧性的过程，在得失之间，演绎了一个个叫人喜、叫人忧的故事，令人回味无穷。既然得失是人生寻常事，那么，在得与失之间，我们无须彷徨，无须徘徊，更无须苦苦挣扎，而应该用一颗平常心，坦然地看待生活的得与失。

命运是公正的，从来不会有人绝对拥有什么，也不会有人绝对失去什么。你不会失去所有，也不会拥有世间的全部，你所拥有的，或许别人没有，你所不具备的，或许别人拥有。这就是世间万物的奥妙。

弥尔顿是英国伟大而杰出的诗人，然而，你有所不知的是，他的这些诗作是在他双目失明之后完成的；贝多芬是德国伟大的音乐家，然而，你有所不知的是，他这些美妙的乐章是在他丧失听觉能力之后创作的；帕格尼尼是世界级小提琴家，然而，你有所不知的是，他是一个哑巴，他是用苦难这把琴弦来演绎生命的。这三个人之所以能成为世界文化史上三大怪杰，真正的原因是他们能够坦然地对待人生的得与失。

泰戈尔曾说过："如果你为了错过太阳而流泪，那么你也将与群星擦身而过。"的确，当我们失去了太阳，才能欣赏满天的星星；当我们失去了绿意浓浓的春天，才能收获丰硕的金秋；当我们失去了懵懂的青春岁月，才能走进成熟理智的人生。一得一失之间，尽显人生的常态。

失去会让人痛苦，也会让人幸福。因为在失去的同时，也是在得到。因此，不要为失去太阳而苦恼了，也许星星和月亮比太阳更能让你觉得美好。所以，我们既要承受"失去"的痛苦，又要享受失去之后即将"获得"的喜悦。人生在世，有得必有失，得之不狂喜，失之不狂怒，用一颗平常心坦然地面对人生的得与失吧！

8. 舍弃世俗的偏见，相信自己

世俗的偏见就像一把杀人于无形的利刃，对于某些偏见，如果我们不去纠正，不跳出来，就意味着随波逐流，更意味着自我伤害。

在著名作家杏林子的《现代寓言》这本书里，有一个长了三只耳朵的兔子。这只兔子被同伴嘲讽，被同伴戏弄，大家都说它是怪物，说它是异类，不愿意和它玩。它感到非常痛苦，经常躲在无人的角落舔舐伤口。

有一天，它做了一个决定——割掉多出来的耳朵。从那以后，它和大家一模一样，再也不受大家的排挤，它感到快乐极了。

时隔不久，它来到另一个森林游玩，它看到了惊人的一幕：眼前的兔子竟然全都是三只耳朵，就像它以前那样。由于这个时候它少了一只耳朵，和那些三只耳朵的兔子不一样，因此它们都嫌弃这只兔子。它只好快快不快地离开了。

从那以后，这只兔子形成了一种认识：只要和别人不一样的，就是错的！因此，它不停地模仿别人，永远和别人保持一种风格，生怕自己被别人孤立，但是它在不停地改变中丝毫感觉不到快乐。

这个寓言告诉我们，人的自信心就如同那只兔子一样，是相当脆弱的，对很多事情的担心，对很多偏见的坚信，导致我们经常处于不快乐的状态中。事实上，偏见产生于无知，这种无知既表现在对自我的认识不足，也表现在对他人的认识不足，更表现在对这个世界的认识不足。

生活中，很多人对事物的看法和评价往往“只抓一点，不及其余”，这种以偏概全的做法既会伤害别人，也会困扰、烦扰自己。比如，有个女人结婚后和老公感情不太好，两人经常吵架。于是，她见人就说："农村男人千万嫁不得。"原来这个女人是城里的富家女，而她的老公是农村人，阴差阳错，他们走到了一起。可是结婚后，争吵就没有断过，于是女人有了荒谬可笑的论断。

之所以说那个女人的论断是荒谬可笑的，道理其实非常简单。世间之大，农村男人很多，为什么别的女人能和农村男人结婚，能够创造和谐美满的幸福家庭？再说了，往后退三代，谁不是农村人？由此可见，世俗的偏见害死人，既害了那个女人，也害了那个男人，让他们沉浸在争吵不休的家庭氛围中，甚至还会波及其他人，有可能让与她有类似遭遇的女人坚信她的片面论断。

事实上，人世间的很多事情都是如此，一旦被偏见影响，我们的眼睛就会失去客观与公正，我们就容易带着主观偏见去看人、看事，这样不仅容易误会别人，影响人际关系的和谐，还会导致我们错误看人，把自己引入歧途。举个例子，有些人见到大方、讲义气的人就与之交往，认为这种人爽快、靠谱，可以为兄弟两肋插刀，于是与他们打成一片，结果在他们的影响下，变得无恶不作。为什么这样呢？因为那些大方的人，可能是一些地痞、流氓、混混，喜欢打架、斗殴。因此，无论是看人看事，都应擦亮双眼，舍弃偏见。

不仅如此，我们还要有勇气挑战偏见、打破偏见，坚决不让偏见束缚我们的手脚，束缚我们的灵魂。当偏见干扰我们时，我们应该保持自信，坚定地去做自己想做的事情，追求属于自己的快乐，用实际行动打破别人对偏见的迷信，从而唤醒别人。

在这个世界上，可怕的不是别人对我们存在某些不利的偏见，而是我们对别人的那些偏见深信不疑。其实，我们最需要的是相信自己，用努力证明自己，这样别人自然而然会改变对我们的看法。同样，我们也应该舍弃偏见，不戴着有色眼镜对待别人。这样，才能创造和谐的人际关系，才能做自由的自己，才能享受到幸福快乐的生活。

第二章

欲望少一点，快乐就会多一点

自古以来，欲望就是人类进步的动力。有欲望是正常的，但欲望若没有节制，无休无止，无尽无边，就会成为痛苦与烦恼的源泉。欲望越强烈，人会活得越痛苦。曾有一位作家这样描述欲望与苦乐的关系：一个口袋里没有钱，心里也没钱的人不算苦；一个口袋里没钱，心里却装满了钱的人是最痛苦的，而一个人口袋里有钱，心里却没有钱的人是最快乐的。因此，人要想活得快乐，就应该学会节制欲望，让心里少装一点欲望。

1. 欲望太多会让人迷失本性

几乎每个人的生命中，都背负了许多已经获得，又舍不得放弃的东西，同时，还牵挂着没有到手，但又充满渴望的东西，这个东西就是欲望。适度的欲望可以激励人不断进取，但过分的欲望就是贪念，就是贪婪，就是一种毒药，会让人迷失在物欲横流之中，搞得眼花缭乱，却找不到自己，得不到轻松。

有两个人听说在东海深处的一个小岛上，有一种奇特的树。只要你站在树下许愿，树上就会结出你想要的东西。于是，他们决定前往这个令人神往的地方，去实现自己的梦想。他们结伴而行，在大风大浪之中相互团结，乘风破浪，历尽千辛万苦，终于找到了这个传说中的小岛，也找到了那种神奇的树。

第一个人来到一棵小树面前，闭上眼睛，虔诚地许愿，当他睁开双眼时，发现树上真的出现了自己想要的东西——

一碗白花花的米饭，还有几道可口的菜。他十分高兴，坐在树下很知足地吃了起来。吃完之后，他许愿想要一种能治好妻子病的药，结果真的得到了那种药，然后他拿着药，准备离去。这时，他想起了自己的同伴，于是去寻找同伴。

当他找到同伴时，发现同伴正在那里许愿，树上有大把大把的金币滚落下来，砸在他头上。树下的金币堆积如山，快把同伴掩埋了，他也不在意。同伴怕他跟自己抢钱，就把他打发走了。没走多久，他又担心同伴，于是折了回来，结果发现同伴已经被成堆的金币埋葬了……

天下人熙熙攘攘，皆为利来，皆为利往。哪个人不是痴迷地追求金钱和财富？就像那个不断许愿获得金币的人一样，拼命地把钱往口袋里装，最终贪婪成性，负累的是自己。而那个节制欲望，懂得知足的年轻人则不然，他懂得珍惜真情，而非金钱，因此，他在如愿以偿之后是那么快乐。

英国著名的思想家约翰·米尔顿曾说过：“一个人如果能控制自己的激情、欲望和恐惧，那他就能成为国王。”面对生活中的很多事情，你所求的越多，往往失去的也越多。当有一天，你迷失了自己，失去了快乐，不知道生活的意义时，你就明白了：原来过度的欲望是幸福的毒药，毒害的是自己的身心，毒害的是自己的灵魂。

其实，人的一生并不需要太多的金钱，也不需要太多的名望。房子再豪华，我们也只睡一张床；山珍海味再多，我们也只有一张嘴，一天也只能吃那么几顿。如果在短暂的生命里，你的眼里只有钱而没有其他，没有享受生活，没有珍惜真情，那么当你死去的那一刻，一切的一切对你来说都是浮云，你带不走，更享受不到。

生命的意义不在于拥有多少，而在于快乐地活着。要想快乐地活着，就应该节制欲望，不让欲望埋葬我们的幸福。古希腊哲学家亚里士多德曾说过："放纵自己的欲望是最大的祸害，不知自己的过失是最大的病痛。"他并不否认人应该有欲望，他只是告诉人们：欲望要有所节制。

有欲望没有错，错的是欲望之火迅猛地燃烧，一发不可收拾。每个人的心中都有一团欲望之火，我们既不能让这团火熄灭，也不能让它烧得太过猛烈。因为欲望之火熄灭，意味着人不思进取，没有斗志，没有追求；欲望之火烧得过于猛烈，意味着欲望让人痛苦，让人迷失。

欲望过多，就是贪婪，它就如同杂草一般，在心中任意滋长，让人心智大乱，变得盲目而冲动，变得没有人性。在生活中，我们经常听说这样的事情：一些人为了赚钱，卖假货、走私贩毒、偷窃、抢劫，无所不用其极。还有一些女性，为了赚钱，不惜出卖肉体，出卖灵魂。这就是他们自我迷失的表现，这样下去，即使他们获得了财富，也是为人不齿的，他们失去的将是自己的尊严，失去的是纯真的快乐和温情的真爱。

贪婪会把人带入罪恶的深渊，让人失去理智，失去自我。贪婪会让人心变得险恶，让人与人之间充满了欺诈，让亲朋好友反目成仇。贪婪的人也许能一时得意，但终将会落魄失意。贪婪的人总是苛求获得更多，直到有一天从欲望之巅摔回现实的地面，摔得“四肢残缺”时，才意识到自己当初的迷失是多么可笑。例如，在股票市场上，人的贪婪之心一览无余，赚了钱还想赚更多，最后可能失去了全部。所以，还是醒醒吧，学会克制自己的欲望，学会知足，学会珍惜，只有这样，我们才能快乐地生活。

2. 心快乐了，生命才会快乐

快乐是生命自然舒展的云彩，善待自己，就应该让自己的心快乐，只有当心快乐了，生命才会快乐；只有当心快乐了，生命才会舒展开来，绽放出最美的花朵。那么，怎样让心快乐呢？其实，这没有一个标准的定义。你的心是否快乐，只有你自己知道。因为乐由心生，心灵的快乐是一种纯粹的个人感觉。

著名女作家三毛曾说：“真正深刻的快乐，没有可能使得他人意会。”当你苦苦追寻快乐的时候，不妨摸摸自己的心，问问自己：那里是否有一种轻松，那里是否有一种幸福，因为那里才是你快乐的根。只有你的心快乐，你的生命才会快乐。

有一个关于“快乐藤”的故事：

传说在终南山一带，有非常丰美的水草，那里生长着一种特殊的植物——快乐藤。得到这种藤的人，就会快快乐乐，笑逐颜开，从此不再有烦恼。

有个年轻人遭遇了种种变故，每天愁眉不展。苦闷之际，他得知快乐藤的故事，便决心去寻找快乐藤。于是，他在一个阳光明媚的日子出发了，历尽千辛万苦，终于来到了终南山。虽然他顺利找到了这种藤，但仍然快乐不起来。

这天晚上，年轻人在山下的一位老人家里借宿。面对皎洁的月光，年轻人忍不住叹气，他问老人："我已经得到了快乐藤，但是为什么我不快乐呢？"

老人一听乐了，说："其实，快乐藤不只是终南山才有，每个人心中都有，只要你有快乐的根，无论你身在何方，都能快快乐乐。"

年轻人听了老人的话，顿时一惊，问："那么什么是快乐的根呢？"

老人说："心才是快乐的根。"

在歌手陈明那首《快乐老家》中，有这样几句歌词，值得我们深入体味：有一个地方那是快乐老家，它近在心灵却远在天涯，我所有的一切都只为找到它，哪怕付出忧伤代价，也许再穿过一条烦恼的河流，明天就能够到达，我生命的一切都只为拥有它，让我们来真心对待吧！

什么东西近在咫尺，又远在天涯呢？什么东西穿过烦恼的河流，明天就能到达呢？答案就是"快乐之心"。快乐不是找到的，而是用心感受到的。就像那寻找快乐藤的年轻人，他误以为得到了快乐藤，真的就能快乐，却不知，快乐的根源在内心，只有内心快乐了，生命才会真正快乐。

如果你的心不快乐，哪怕你策马走天涯，也找不到快乐的老家，而如果你的心是快乐的，你的生命就是舒展的，你的人生就是开阔的，哪怕你坐在家中，哪怕你的生活再苦，你也能感受每一分每一秒的快乐灵动。

3. 少一点期待，就多一点满足

大凡生活在社会中的人，或多或少都会有所期待。期待工作轻松，待遇高；期待老婆漂亮懂事，会持家；期待职位步步高升，有权势；期待别人理解自己，支持和肯定自己的观点……期待太多，若得不到满足，人就会觉得受挫，觉得失落，就容易抱怨，于是变得不快乐，这就是人性的弱点。

期待是美好的，但现实毕竟是现实，如果事实都如期待的那样，那么人生未免太理想化了。因此，期待无法满足，是再正常不过的事情。我们应该认清现实，要学会知足，这样才能快乐地生活。

有个农夫每天都非常快乐，他经常一边干农活，一边放声歌唱。有一天，一位高官巡访到此，见他那么快乐，就问："你为什么这么快乐呢？"

农夫说："我每天有活干，有饭吃，有老婆热炕头，有儿女的欢声笑语，我有什么不快乐的呢？"

高官问他："你赚的钱够花吗？家里有困难吗？"

农夫说："我赚的钱虽然不多，但是够家里生活，没有什么困难。有时候我会上山打猎，说不定有意想不到的收获呢！”说完，他继续开心地干活。

农夫为什么那么快乐呢？因为他对生活没有那么多不切实际的期待，他对生活有一颗知足之心，懂得发现生活中的惊喜。由此可见，少一点期待，就会多一点满足，就会多一点快乐。

其实，人的一生就这么简单，它就是一条长河，有源头，有流程，也有终点。不管这条河有多长，最终会流入大海。既然人生有尽头，那么为什么不少一点欲望，少一点期待，让自己生活得安宁一点呢？

有这样一个值得人思考的故事：

有个富人家财万贯，有一大群用人。但是他每天寝食难安，愁眉不展，还想赚更多的钱。而他隔壁是一对穷困夫妇，每天靠着打豆腐为生，但他们每天都有说有笑。富人觉得奇怪，就向家里的掌柜先生请教，掌柜先生说：“老爷，其实道理很简单，因为他们对生活没有那么多期待。只要你往他家扔几锭金子，保证他们不会再这么开心了。”

富人听了掌柜的话，在夜里往穷人家的院子里扔了50两金子。第二天早上，卖豆腐的夫妇发现这笔财宝之后，欣喜若狂，一边忙着藏金子，一边考虑怎么去花，同时每天睡觉时，还期待第二天早上能在自家院子里捡到更多的金子。同时，他们还担心这笔金子万一被失主发现了。于是他们开始寝食难安，往日的欢声笑语也不见了。

富人得知这一切，顿时恍然大悟起来，原来自己的生活不得安宁，都是金钱惹的祸。于是，他放弃了生意，停止了赚钱，不再有那么多期待了。他开始救济穷人，开始云游四方，观赏美景，他活得越来越开心。

有句话说得很好："希望越大，失望越大。"其实，同样的道理，期望越多，失望也越多，人的内心越不容易得到满足。我们不仅要对自己的工作和生活少一点期待，对待身边的人也应如此，不要以为对方熟悉你、了解你，就应该知道你的需要。否则，你就很容易产生失落的情绪。

经常有这样类似的情况：丈夫工作不如意，回到家里，希望得到妻子的关心和安慰；妻子准备了一桌子的晚餐，希望丈夫回来后开心地夸赞自己，或是妻子买了一件漂亮的裙子，穿在身上等待丈夫发现自己的美，然后夸奖自己。

可是结果会怎样呢？可能丈夫回到家里，妻子忙碌在厨房，根本没有发现丈夫的不开心，丈夫往沙发上一坐，根本没有关注妻子做什么饭菜，穿了什么衣服。于是，丈夫没有得到妻子的关心和安慰，妻子没有得到丈夫的肯定和赞美。于是，他们可能觉得对方并不在乎自己，然后有些失落，这种失落会带到饭桌上，带到床上，甚至会带到第二天。

尤其是当彼此对对方的期望非常高时，巨大的落差会让他们无法忍受，他们可能会抱怨对方忽视了自己，于是开始发起攻击，于是双方变得剑拔弩张，一场狂风暴雨在所难免。其实，不过是一些鸡毛蒜皮的小事，何至于大动干戈，伤了和气呢？如果彼此少一点期待，多一点理解，主动表达自己的需求，那样肯定是另一番景象。

在工作上也是如此，如果管理者对下属期待过多，看到一点不顺眼的地方，就会鸡蛋里挑骨头，也会搞得大家不愉快。其实，我们只要少一点苛责，少一点期待，就会多一点满足，多一点快乐。当大家都快乐时，还有什么事情不好商量的？

对自己少一点苛责，少一点期待，对别人也应当如此。只有这样，我们才能与别人友好地相处，才能活在一个和谐的人际氛围之中，才能快乐地享受生命的每一天。

4. 给自己的欲望“瘦瘦身”

欲望是一种与生俱来的东西，人活着就有欲望，因为人要吃饭，要穿衣服，要房子住，如果最基本的欲望得不到满足，那么人当然会痛苦。然而，在这个充满诱惑的社会，在这个欲望膨胀的年代，人们的很多欲望不仅仅局限于基本的生活需要，而是远远超出了生活所需，比如，想赚更多的钱，想穿高档的名牌衣服，想住别墅，想开豪车。正因为欲望不止，人才会负累越来越重，才会活得不开心。

其实，欲望就像海水，你喝得越多，你就越口渴。因为，欲望的尽头还是欲望。法国杰出的启蒙思想家卢梭曾对人类的贪欲做了这样的评价：“10 岁时被点心，20 岁被恋人，30 岁被快乐，40 岁被野心，50 岁被贪婪所俘虏。人到什么时候才能只追求睿智呢？”人不能清静下来，不能追求睿智，是因为欲望太多，是因为欲望这条沟壑永远无法被填满，所以，人在精神上才会永无宁日，才会缺少快乐感和幸福感。

曼谷西郊有一座寺院，由于地处偏僻，香火一直不旺。当原住持圆寂后，索提那克法师成了新住持。上任之后，他开始想办法增加寺院的人气。当他发现寺院的山坡上长满了灌木时，他便找来一把修剪园林的剪子，不时地去修剪这些杂乱无章的灌木。半年之后，那些被修剪的灌木变成了一道半球形的风景。

一天，一位衣着光鲜、器宇不凡的客人来到寺院，索提那克法师接待了他。经过一番寒暄和交谈，索提那克法师得知客人路过此地时，汽车抛锚了，趁司机修车之际，来寺院逛一逛。于是索提那克法师陪着他四处转悠，不知不觉间，他们聊到了如何节制欲望的话题。

索提那克法师微微一笑，叫人拿来那把剪子，带着客人来到了寺院的斜坡上，指着斜坡两边的灌木丛，对客人说："施主，你看到那些半球形的灌木了吗？那是因为我经常修剪它们，如果你想节制欲望，也需要用剪子不断地修剪自己的欲望，毫不留情地把杂乱的、没有意义的欲望修剪掉，这样你才会活得轻松起来。"

说完，索提那克法师把剪刀递给了客人，示意他去修剪灌木。客人拿起剪刀，按照法师的意思咔嚓咔嚓地剪了起来。过了一会儿，客人笑着说："虽然我修剪的是灌木，但是当我看到杂乱的枝叶被修剪之后，我的身体也有一种轻松，可是我的心里好像还有很多事情堵着一样。"

索提那克法师点了点头，说：“刚开始是这样的，所以，你要经常修剪，时间长了，你就会觉得心里畅快很多。”

10 天之后，客人又来了，他是来修剪灌木的。又过了 10 天，客人再次光临……就这样，在三个月的时间里，客人多次来到寺院修剪灌木。索提那克法师问他：“你现在是否懂得修剪欲望了呢?”

客人说：“大师，每次我修剪的时候，都会全身轻松，气定神闲，心无牵挂，可是当我回到生活中去，我的那些欲望又会冒出来。”

索提那克法师笑着说：“施主，你知道我为什么建议你经常来修剪灌木吗？因为我想让你知道，欲望就像这些灌木一样，修剪之后，过了一段时间，又会长出来。所以，你不能指望一次将它们彻底修剪干净，而要经常修剪，把它们修剪得更加美观，让它们成为一道赏心悦目的风景。对于那些适度的欲望，你还是要保留的，它们不应该成为你心灵的枷锁，而那些过度的欲望，才是我们应该经常修剪的。”

客人一听，恍然大悟。

这个客人不是一般的人，而是娱乐界的大亨。后来，他主动出资为这家寺院做宣传，很快，这个寺院的客人多了起来，香火渐渐旺盛。

欲望就像一个人，当它肥胖时，行走、生活就会不方便，而且从美学角度来看，肥胖者满身赘肉，也算不上美好的景物。相比之下，苗条的身材、细长的双腿能让人忍不住欣赏，让人心生爱慕。身材苗条者自己也会觉得充满自信，觉得生活愈发美好。这就是给欲望“瘦身”的意义所在。

赶紧斩除过多的欲望吧，将你的欲望减少再减少，让真实的、迫切的欲望得以浮现。这样你才会发现真实、平淡的生活是多么快乐，你做起事来才会从容淡定、井然有序。面对外界的各种变化时，你才能镇定自若、不慌不忙；面对各种诱惑时，你才能不为所动。

5. 学会取舍，才能云淡风轻

在每个人的人生道路上，难免都会碰到一些十字路口，让人难以取舍，难以抉择。此时，若徘徊不定、举足不前，不果断地做出选择，人就会陷在两难的漩涡中，把自己弄得身心疲惫，焦头烂额。因此，做出正确的取舍，懂得合理的放弃，是一种难得的大智慧，唯有具备这种智慧，我们才能更好地把握自己的命运，享受云淡风轻的生活。

布利丹是法国的哲学家，他曾养了一头小毛驴。每天早上，他都会从附近的农民那里买一堆草料喂养小毛驴。一天，一位农民出于对哲学家布利丹的敬仰，额外赠送了一堆草料给他的毛驴。这下子，毛驴面对两堆大小差不多的干草，只见它左瞅瞅，右看看，始终无法决定先吃哪堆干草。于是，这头可怜的毛驴呆呆地站在原地，来来回回地走动，饿得肚子瘪瘪的。

你是否觉得毛驴的行为可笑呢？其实，我们无须嘲笑毛驴，有时候，我们和布利丹的毛驴一样，面对两堆差不多的“干草”时，也会犹豫不决，无法取舍，无法决断。

毛驴难以做出选择，说明取舍和抉择并不是一件容易的事。只是毛驴并不知道，那两堆干草都属于它，可以先吃一堆，再吃另外一堆。但是在人生的道路上，我们很难碰到都属于自己的两堆“干草”，我们必须做出理智的取舍，如果你不愿意“舍”一个，你很可能无法得到任何一个。

古希腊大哲学家柏拉图曾经说过：“如果你不能成为大道，那就当一条小路；如果你不能成为太阳，那就当一颗星星，决定成败的不是尺寸的大小，而是在于做一个最好的你。”这段话告诉我们，每个人都有属于自己的人生道路，关键在于你要根据自己的实际情况，选择一条最适合自己的那条路。

如果你既想走平坦的康庄大道，又想走风光迷人的林间小路，怎么实现呢？就像两只脚不能同时踏入一条河一样（因为当你的一只脚踏下去时，那个水已经流过去了，你第二只脚踏下去的地方，已不再是原来的水），你的两条腿也不可能同时走两条截然不同的道路。所以，人生需要取舍，正确的取舍，才能造就云淡风轻的惬意生活。

取舍的同时，意味着放弃，也意味着选择，即使这是一个费脑分心的事情，我们也必须勇敢面对。如果你能舍弃那些不重要的选项、不适合你的选项，那么剩下的选项，就是支撑你奋斗和进取的力量。每个人的一生都有很多取舍，在取舍之中，我们可以领悟生活的真谛，明白得失的意义。

很多时候，“取舍”就像猴子掰玉米，拿起一些玉米时，就意味着要放下另一些。这是因为猴子的双爪所能抓的玉米棒子是有限的，这就如我们的精力、能力、时间是有限的一样，我们很难做到在某个时间段，做好多件事情，完成多个目标。因为精力太过分散，往往什么也做不好。倒不如舍弃一些，留下你最需要完成的目标，专心做好它，再继续攻克下一个目标。这样你的人生才会有所成就，才会在踏实进取中不断收获喜悦和快乐。

为什么大家同是生活在地球上，有些人成功了，有些人却经常失败呢？总结一下，你就会发现，其实这与他们是否正确取舍有很大的关系。成功者往往会舍弃花天酒地、娱乐活动、浮躁堕落，选择适合自己的事业、选择自己感兴趣的工作，并全身心投入，而失败者却恰恰相反。

不同的取舍，不同的选择，造就不同的人生。就像你的眼睛同一时间只能看到一片风景一样，人生的取舍也意味着同一时间我们应该专注一事。当我们选择去观赏玫瑰花园时，我们的心情也会如鲜花那般绽放；当我们选择去看“无边落木萧萧下”时，我们的心情将是另一番模样。

取舍是一种态度，在取舍中，“取”是一种本事，“舍”是一门哲学。人生的旅途，有山有水，有风有雨，有欢笑有泪水。同样是山，有不相媲美的风光；同样是雨，有感觉不同的清凉；同样是欢笑，也有不同的别致风味，在同一时间里，你都必须做出取舍。只有学会取舍，才能保持简单的心境，才能踏实、轻松、安详地生活。

6. 用童心对待生活，才能够畅快淋漓

有人曾做过这样一个实验：他在一张白纸上，写下一道简单的数学题：1 + 1 = ？当他把这道题给成人做时，成人绞尽脑汁，思考半天，把各种可能性的答案都罗列出来，但最终难以读懂他的意图，最后干脆一股脑儿地把各种答案都说出来，让他自己去选。当他把这道题给小孩子做时，小孩子不假思索地说 1 + 1 = 2。

成人的思维是复杂的，简单的事情，因为复杂的思维变得复杂，任何事情，一旦变得复杂，就会让人觉得纠结和疲惫。所以，成人不容易感受到快乐。小孩的思维是简单的，复杂的事情，因为简单的思维而变得简单。心若简单了，生活就简单了，快乐也变得简单起来。这就是童心的魅力所在，如果你有一颗童心，那么你的生活将畅快淋漓，快乐相随。

童心有三个典型的特征：第一个特点是，忽然忘了过去的一切，因为纯粹，所以活在当下；第二个特点是，对于简单的事情，会产生浓厚的兴趣，并且把全部的精力专注于此；第三个特点是，从不为未来忧虑。成人有这样的心境吗？如果有，生活就有了永远快乐的源泉。

爱尔兰著名作家卡瑞曾说，大多数知识丰富的成人，他们获得美感的能力反倒不如年幼的孩子。在孩子的眼中，浪

花是那么美丽多情，而在成人眼里，浪花不过是混沌的泡沫；在孩子眼中，月亮是弯弯的小船，是白色的皮球，而在成人眼里，月亮只是月亮，毫无新意可言。

当一个小孩子捡起地上的一片红叶时，他可能会仔细地端详，细心地观赏，他会透过这片红叶去看太阳，让太阳的光芒透过红色的秋叶射过来，使秋叶看起来通体透明，脉络清晰，然后他会感慨道："好美的红叶啊！"而成人则对路边的红叶视而不见。

孩子是艺术家，是诗人，孩子是贫穷的富翁，是无智的智者，因为他们善于发现生活中的美，善于感受生命的快乐。你想拥有快乐吗？你想生活酣畅淋漓吗？那就努力让自己保持一颗童心吧！

有人说："什么是天才？天才便是时时能恢复童年心境的人，因为人在童年具有最纯正的天性。"记得在一篇文章中，看过这样一段话：为什么泰戈尔在七八十岁的时候，依然能写出少年儿童爱看的好文章呢？因为泰戈尔虽然年老，但却有一颗童心。所以，如果你说泰戈尔是个天才，丝毫不为过。他不但是文学领域的天才，更是生活中的天才。因为有一颗童心，所以生活中充满快乐。

童心是一种生活态度，人再长大，内心深处都有一颗孩童般的心。只是，在现实的社会里，很多人的童心被物欲掩盖了、掩埋了，使得童心腐烂了。有这样一个故事，很好地说明了人的童心泯灭的原因。

人生就是这样一个轮回，从一个小孩、一颗童心开始，人慢慢长大，内心慢慢被欲望占据，结果丢失了那颗童心。直到岁月老去的时候，才开始看淡欲望，开始意识到童心是多么珍贵，于是返老还童。

伟大的哲学家尼采曾说过，人类的精神有三重境界，即所谓的“精神三变”，这与三种动物极为相似，分别是骆驼、狮子、婴儿。骆驼代表吃苦耐劳的奋斗，狮子代表小有成就，称霸一方；孩子代表天真，没有伪装，没有欺骗。

其中，第三种境界是最高的，因为当一个人追逐操劳大半辈子之后，会对生活感到厌倦，会发现宁静、朴实、童真的美好，于是，变回到了“婴儿”天真般的完美世界。这就是为什么人们往往在困顿、流离和不断的摸爬滚打之后，突然有一种顿悟，觉得“行到水穷处，坐看云起时”的随性生活才是自己梦寐以求的。

可是，为什么一定要等到老去时，才想起深埋在心底的那颗童心呢？为什么等到发现欲望转头是场空，人生满是浮云时，才追悔逝去的快乐时光呢？为什么不从现在开始，淡化过分的物欲，用童心对待生活，去感受生命历程中的每一精彩瞬间？

童心是纯真无瑕的，是天真可爱的，是可以用天底下最美的语言去描绘的。一个童心未泯的人，才能感悟到生活的真谛，才能用积极的心态去面对人生，才能在每一次挫折之后洒脱地站起来，在每一次成功之后，为自己感到欣喜和自豪。

童心是璀璨的钻石，是繁华浮躁的生活里熠熠生辉的金子，是一袭淡妆，是一汪清水，是一腔热情。童心不等于幼稚，相反，童心是智慧，是成熟，是超脱于尘世的生活哲学。如果你保持一颗童心，那么幸福快乐就会尾随而来，你的生命将变得愈发精彩。

7. 荣辱不惊，平平淡淡才是真

生活就像一盘磁带，每天都有唱不完的喜怒哀乐，那不停流淌的旋律，就如命运的起起落落与得得失失。你用怎样的心态去对待？就会有怎样的生活。如果你懂得放平心态，用平常心去对待，不因受宠得志而喜形于色，不因受辱失意而怀恨于心，那么，你在平淡如水的日子里，也能活出阳光明媚的春天。

荣辱不惊是一种笑看风云变幻的洒脱，是一种历经繁华的恬淡，是镇定沉稳的气度。荣辱不惊的人，必然有广阔的胸襟，有超高的智慧，不轻易为荣辱所左右。因此，他们的行为才不会失常失态，如此，才能真正领略人生的自由境界。

有个雨天，研究生甲和研究生乙在实验室里争论一个问题，争论过程中，乙讽刺甲的观点平庸、见解迂腐、理论过时，一下子激怒了甲。顿时，甲大动肝火，冲出了实验室，找到教授评理。

“年轻人，”教授慢条斯理地说，“有时候，别人的言行我们是很难理解的。如果你不介意，我给你一个小建议吧。对于那些批评和侮辱，你把它看成是泥巴，你看我衣服上的泥巴，就是刚才过马路时溅上的。如果我当即用手去抹，不但抹不掉，还会把衣服弄得更脏。所以，我干脆把大衣晾起来，专心地干别的事情，等泥巴干了，我再去处理它。到时候，我只需轻轻一搓，一抖，一弹，就能把泥巴清理掉。”

甲茅塞顿开，连连称谢。

教授又说：“我年轻的时候，也和你一样，不善于控制自己的情绪，经常被别人的批评和侮辱激怒，后来我慢慢发现，最好的办法是先把恼火的事情放在一边，晾一会儿，等冷静之后再去处理。如果你不这样做，而是马上去质问对方，你会更加生气，你和别人的矛盾也会进一步加深。如果你先把衣服晾干，或许你会发现，原来的那点泥巴根本算不了什么。”

无论是荣是辱，不妨试着像教授说的那样，把它晾一会儿，也许晾干之后，你会发现：这点小小的荣誉、成功算得了什么呢？于是，你的心会变得淡然；你还会发现：这点小小的分歧、矛盾、不愉快算得了什么呢？于是，你的心变得淡定。心若淡定了，你的生活就会像涓涓流淌的河水，变得平缓、平淡而欢快，而平平淡淡不正是生活的本来面貌吗？

平平淡淡是一种常态，生活中没有永无止境的高潮迭起，也没有连续不断的暗潮涌动，有的只是平淡的流年，平淡的生活可以磨砺人的心智，可以避免沉醉于莫名的忧伤。因此，学会珍惜平淡的生活，学会发现平淡之中的美好，才是人生的大智慧。

平平淡淡是一种归宿。也许你的人生有过轰轰烈烈，也有过丰功伟业，但生活最终会回归到平平淡淡。就像风筝翱翔蓝天一样，最终要回归大地，在地面上沉睡；就像河水川流不息一样，最终要回归大海；就像海浪迭起的汪洋一样，最终要回归平静。

平平淡淡是一种境界。无论是对人，还是对事，保持一颗平淡之心，你就会轻松许多，平平淡淡地享受生活，平平淡淡地度过人生，你就拥有了宁静和淡泊、从容和美好。

平平淡淡才是真，尽管你有豪情壮志，尽管你不甘人后，尽管你有不懈的追求，尽管你渴望轰轰烈烈，但平淡总是成为最后的绝唱，平淡才是生活的真谛，人生的快乐和意义，也深深蕴含在平淡平凡的生活中。只要你用心去感受，看似平淡的生活也会变得多姿多彩。

第三章

人生苦短，要学会善待自己

生命很精彩，但是也很短暂。因此，我们要学会善待自己，不要和自己过不去，不要一味地追求欲望，不要一味地争先恐后。生活应该简单、平静、祥和，人应该活得自在、舒坦、轻松。正所谓“人生苦短，去日无多”——活着的一天，就应该善待自己，不求扬眉吐气，但求洒洒脱脱，珍惜自己，让自己活得幸福快乐。

1. 这个世界上，最爱你的人是你自己

在这个世界上，谁是最爱你的人？也许你会说是父母，也许你会说是老公或老婆，但是也许你不知道，即使和你关系再亲密的人，也无法替代你对自己的爱，因为最爱你的人是你自己。如果你不爱自己，而是把快乐寄托在他人身上，你又如何保证自己快乐呢？如果你不爱自己，如何去爱别人呢？

最爱你的人是你自己，如果你想让生活变得更美好，就要善待自己，学会关心自己，学会疼爱自己，学会照顾自己，让自己保持快乐的心态。想想看，人生苦短，就像一江春水，匆匆流逝，如果不善待自己，不是枉费此生吗？

爱自己，就要尊重自己，接纳自己，宽容自己。如果你因相貌丑陋而自卑自怜、悲观厌世；如果你因一次错误而悔恨不已、自轻自贱；如果你因一次失败而心灰意冷，自暴自弃……那么，你这是在自我摧残，自我毁灭。你自己都不爱

自己，又怎么奢望别人爱你呢？又怎样爱别人呢？

爱自己，就要珍惜当下的生活，而不是把希望寄托在明天，把幸福存放在后天。每次看车祸、矿难、水灾、地震等天灾人祸时，我们都有一种感觉：生命是脆弱的，也是短暂的，谁也说不清自己可以活多久，谁也不知道下一秒会发生什么。所以，学会珍惜现在所拥有的每一分每一秒吧，让自己活在现实的今天，好好爱自己，让自己的生命不留遗憾。

爱自己，就要了解自己、相信自己、欣赏自己。不管别人怎么看你，不管生活多么不如意，你都要坚信，你是唯一的，你是有个性、有价值、值得爱的人。为此，你要不断发现自己的优点，欣赏自己的优点，不断提升自己的能力，让自己快乐地活着。

爱自己，不光要爱自己的身体，更要爱自己的灵魂，爱自己的前程，爱自己的理想，爱自己的事业。因为在人生的旅途中，你会遇到各种各样的人，但是真正能陪你走下去的，却是少之又少的。当你哭泣时，别人不一定同情你，别人也没有理由帮你擦干泪水。所以，漫漫人生，要靠你自己去走，快乐要靠你自己去创造。

在这个世界上，只有你能清楚读懂自己的内心，只有你能为自己疗伤。面对伤痛时，懂你的人自然会帮你分担伤痛，而不懂你的人却将你视为无病呻吟。所以，与其博取他人的怜悯，不如真正爱惜自己。当别人的眼里传来不屑的神情时，不必去在意，你完全可以以一种“别人笑我太疯狂，我笑他人看不穿”的心态来对待。

爱自己，是对自己的一种尊重，可以让你的生命更加丰满和健康，也可以让你的灵魂更加自由和矫健。爱自己，是对自己的一种负责。这样你才能勤于律己、矫正自己，才能不断督促自己，完善自己。

爱自己，才能爱别人，也才能得到别人的爱。当一棵小树苗爱上天空的飞鸟时，它想给小鸟一个温馨的家，那样每天都可以看到小鸟绚丽的羽毛，聆听小鸟动人的歌声。这时候，小树苗要做的是充分汲取大地的营养，吸收阳光的热量，接受雨露的滋润，让自己茁壮成长为一棵枝叶繁茂的参天大树。这就叫自爱，自爱才能爱人，自爱才能被人爱。

2. 生活再累，也要学会忙里偷闲

在充满竞争的今天，“忙碌”成了现代人的口头禅，“累”成了人们共同的感受。看看我们身边的人，他们争分夺秒地学习，加班加点地工作，周而复始地生活，好像就是为了忙碌而降临到这个世界上的。

忙碌并没有什么错，忙碌是一种充实，是为了追求更好的物质财富。但是忙碌不等于“乱忙”“瞎忙”“穷忙”，毕竟你还可以“忙里偷闲”。忙里偷闲是一种生活的智慧，它可以让你在忙碌中感受到休闲静养和闲庭信步的乐趣，让你疲惫的身心获得短暂的休憩。

忙里偷闲的智慧不仅在于有目标地忙，有计划地忙，有秩序地忙，还在于在做好本职工作的间隙，带着一种悠闲的心态去做与工作无关的事情。这就是为什么有些人时而忙碌，时而悠然自得，看似那么悠闲，工作效率却很高。就像搬家的蚂蚁，时而奔跑，时而漫步，时而驻足不前，左顾右盼，欣赏风景。

人生苦短，不要只知道忙碌，还应该学会忙里偷闲。这是对自己身心的一种善待，也是爱自己的一种表现。因此，即使忙碌时，也要有一颗悠闲的心，这样人的神经才不会绷得太紧，才可以在忙碌的同时享受生活的情趣，收获一份轻松和快乐。

《菜根谭》中有这样一句话："天地寂然不动，而气机无息稍停；日月昼夜奔驰，而贞明万古不易。故君子闲时要有吃紧的心思，忙时要有悠闲的趣味。"一个懂生活的人，应该学会把悠闲融到忙碌中去，在忙碌时不让自己太紧张、太疲惫。

学会忙里偷闲，你才能把生活中的每一个目标当成乐趣来品尝。否则，你的忙碌就会变成盲目，变成机械化的习惯，你的心灵永远会被各种忙不完的琐事充斥。这样即使你获得了辉煌的事业，也无法感受其中的乐趣。到头来，你会忽然发现：原来我是用快乐换取事业的成功，换取物质欲望的满足。

怎样才能做到忙里偷闲呢？在这里，我们给出几个建议：

建议1：每天花两分钟时间，大致计划一下一天的事情。

上班之后，你第一件事是什么呢？很多人打开电脑，看邮件，看新闻，看 QQ 空间，之后就开始忙碌起来。他们心里对今天要做什么，要完成多少任务，并没有一个明确的规划，甚至连一个模糊的规划都没有，只是埋头忙碌，心想着做多少算多少，反正熬到下班就是胜利。如果你也是这种工作心态，那么一天下来，你丝毫不能从工作中收获成就感，收获喜悦感。

明智的做法是，上班开始时，花两分钟时间在便条上写出今天要做到的事情，先做什么后做什么，下班结束时，大概做到什么程度。如果是可以量化的工作，最好用具体的数字量化。等到下班时，对照这个目标检测一下，看一看自己是否达到，如果你达到了，你肯定会有一种成就感，内心也会产生一些快乐，觉得今天没有浪费时光。这就叫有计划地忙碌，它是忙里偷闲的重要一环。

建议 2：每隔一个小时，起身活动一下，倒一杯水，或看一眼窗外的风景。

对于久坐电脑桌前的上班族而言，每隔一个小时起身活动一下，是自我保护的重要举措，因为久坐会影响血液循环，会让上身僵硬，适当活动一下，可以让全身觉得轻松。再者，到窗前看一看外面的风景，对保护眼睛也有好处。这种短暂的停顿，哪怕只有两三分钟，也是忙里偷闲的一种方式。

建议 3：中午饭后一定要午休，哪怕只休息 15 分钟。

很多人匆匆吃完午饭，就回到办公室继续工作，或上网聊天、玩游戏、看新闻，总之，他们不午休。其实，这是非常错误的。如果你不午休，下午肯定会精神恍惚，觉得注意力不集中，眼部干涩，头脑发晕，甚至打瞌睡。这样怎么保证工作效率呢？

相反，中午选择午休，哪怕只休息 15 分钟，也是短暂的休憩，这不但让身体获得放松，也能让精神得以松弛。不要小看这十几分钟，你会惊奇地发现，这十几分钟的休息，会让你在整个下午都感觉良好。

建议 4：下班之后，彻底放松身心

下班回家后，你是否经常懒得动弹，巴不得倒头就睡呢？你是否坐在电脑前面，漫无目的地看电影、玩游戏呢？其实，你可以试着走出屋子，到户外去散散步，还可以运动运动，如跑跑步、爬爬楼梯、打打乒乓球等等，让身体获得彻底的放松。也许这只需半个小时，却能让你重新获得能量，让你第二天精神饱满。

3. 活在自己的心里，而不是别人的眼里

爱默生曾说过：“幸福就像香水，不是泼在别人身上，而是洒在自己身上。”生活亦是如此，我们应该活在自己的心里，而不是活在别人的眼里。每个人的心里都有一颗幸福的种子，关键在于，我们是否给它创造了一片适合生长的沃土，让这颗种子开出美丽的花朵。

很多时候，我们为了活出别人眼中的精彩，经常丢弃自

己的意愿，活在别人的标准里，活在别人的评价中。别人的一句夸奖，就让我们喜出望外，别人的一句不认同，就让我们改变自己。试问，一个连自己的快乐都不能把握的人，又怎么能把握住自己的幸福呢？一个人太在意别人的眼光，怎么活得不累呢？

大学毕业后，张洁凭着自己的努力，进入了政府部门，成了很多年轻人梦寐以求的公务员。平时的工作不太忙，上班的时候，同事们经常聚在一起聊天，而张洁总是兢兢业业地对待工作。

这天，办公室的一位大姐对张洁说："年轻人，别总是那么认真嘛，放松放松。"可是张洁觉得投入工作是一种快乐，放松下来和大家聊天，她觉得是在浪费时间。但是为了不让自己显得不合群，她只好在上班的时候装出一副懒散的样子，她觉得这种虚伪的演戏是一种痛苦。

又有一次，办公室的一位同事对张洁说："你看别的女性，个个穿着时髦，你这么年轻，也应该学会打扮自己，别老是一身学生装，太俗了。"一开始张洁并未在意，但后来她又听到几个同事说同样的话，于是渐渐地开始重视打扮自己。为了让自己形象光鲜，她购买化妆品，买了好几套名牌衣服，还去理发店做了一个时髦的发型。结果，把几个月攒的钱都花掉了。要知道，她原本准备用这笔钱购买笔记本电脑的。

张洁的家离单位很近，骑车只需 15 分钟，张洁觉得骑自行车可以锻炼身体，所以每天骑自行车上下班。一天，有同事对张洁建议道："都什么年代了，你还骑自行车，还是买一辆电动车吧，骑起来又快又舒服，蹬自行车多累啊！"

张洁说："我家就在附近，骑车很方便的，没必要买电动车。"

那人说："我看你是舍不得花钱……"张洁听了这话，心里很不是滋味，她不愿意自己在别人的印象中是一个舍不得花钱的人，于是狠下心来，从父母那里借了两千块钱，买了一辆电动车……

就这样，张洁每天都戴着面具生活，她感觉不能活出真实的自己，每天过得都不怎么快乐。后来，她把自己的烦恼告诉了好朋友，好朋友听完她的诉说，问道："你是在为谁而活啊？干吗那么在意别人的眼光，只要不伤害别人的利益，你想怎么做就怎么做啊！"

好朋友的话让张洁开始重新审视自己——为了让自己在别人心目中有个好形象，花钱、费力、费神地包装自己，别人无意间的一句话，都会影响自己的心情，这是何苦呢？

好朋友还告诉张洁："你想活得开心，就要为自己而活，用自己的方式对待工作，穿自己喜欢的衣服，化自己最喜欢的妆，想骑自行车就骑自行车，千万不要因别人的眼光压抑了自己的灵魂！"

张洁点了点头，从那以后，她又做回了自己，每天开心地为自己而活。

很多时候，我们活得不快乐，或是患得患失，不过是因为我们太在乎周围人的眼光，结果做事畏首畏尾，变得没有魄力和勇气；说话瞻前顾后，变得没有主见和个性。为了成为别人眼中的好员工、好同事、好丈夫、好妻子，我们不得不压抑自己，违心地迎合别人的眼光，结果委屈了自己。

殊不知，谁想讨好别人，谁就是蠢蛋。因为每个人都是自己生活的主人，每个人对快乐和幸福都有不同的感受。所以，不要因为别人的看法而扰乱自己生活的步调，不要因为别人的目光而做违背自己心愿的事情，尊重自己的生活方式，你才能活出最精彩的自己，你才能像海燕一样轻盈飞翔。

幸福是一种感觉，快乐是一种心境，这完全取决于你的思维方式、你的独特感受。所以，你不用左顾右盼，看别人如何生活，看别人怎么看你，你应该问一问自己的内心：我想追寻怎样的生活？然后，追随内心的选择。你期待什么样的生活，就去追求这种生活、享受这种生活吧，这样你就会感受到幸福的滋味。

4. 有张有弛，在一呼一吸间享受生活

这是一个充满紧张气氛的年代，快节奏的生活，高强度的工作，让很多人的心弦紧绷着，不敢有片刻的放松和懈怠。有些人每天工作到很晚，第二天又早起继续工作，仿佛生活除了工作，再没有别的乐趣。试问，你觉得这样的生活累吗？累，太累了，现代人活着就是受累，因为生活缺少轻

松、放松，缺少劳逸结合，无法张弛有度。

曾看到这样一篇文章，描述的是现代都市上班族的一天：

早上七点，闹铃响起，迅速起床：穿衣、洗漱、化妆——男人穿西装，女人穿职业装。接着，三步并作两步出门，在路边摊买早餐，边走边吃，然后乘地铁或公交。在路上，要忍受长时间的堵车，好不容易到达公司，一看表，刚好9点。

接着，开始了一天的工作，从上午9点到下午5点甚至5点半，这期间，除了做好本职工作，还可能随时要承担上司交代的额外工作。

下午5点或5点半，好不容易结束了一天的工作，立刻收拾东西，坐上回家的公交车或地铁。回家之后，做饭或等待妻子做饭，吃完之后，和家人待一会儿，看一会儿电视，或忙一会儿自己的事情。10点半，洗漱、上床睡觉。

这样的生活日复一日，年复一年，每天都是那么忙碌，表情总是那么严肃，看不到微笑，听不到笑声……

其实，很多上班族每天都过着这样的生活，每天都在一片空白中忙碌，面前有做不完的琐事，和想不完的杂念，体验不到生活。这样的生活，怎么不累呢？

松鼠在路边散步，看到一只兔子在路上狂奔，它大声问兔子：“小兔子，你跑得那么着急干什么？和我散散步吧！”

“我还不能停下来，我要跑到这条路的尽头，看看那儿是啥模样，看看那里的风景。”小兔子一边跑一边回答道。

就这样，小兔子片刻也不停歇地往前跑，一心想跑到终点。直到有一天，它猛然撞在一棵大树桩上，才顿时醒悟过来："原来路的尽头就是这棵树桩！"

小兔子长叹了一口气，哀叹道："这么多年，我一直疲于奔命，早知道路的尽头是这样，我应该好好享受那沿途的风景。"

疲于奔命的小兔子在撞上了大树桩后，才猛然清醒过来，意识到不该只顾奔跑，而应该欣赏沿途的风景。这种醒悟是一种进步，有些人还不如这只懂得自我反省的兔子，他们一生疲于奔命，不知道工作需要劳逸结合，不懂得生活需要张弛有度，直到死去时，都没有享受到生命中的风景。这不能不说是一种莫大的遗憾！

生活的意义到底是什么？是做生活的主人，去享受生活，还是做生活的奴隶，背负生活的压力，并为此没日没夜地工作？答案很明显，生活不在于目的地，而在于沿途的风景。所以，聪明的人应该学会有张有弛，在一呼一吸之间享受生活。

其实，累与不累总是相对的，要想活得放松，就要有张有弛。那些觉得活得累的人，往往都是心弦绷得太紧的人，他们不懂得给自己放松的空间，才会让自己累得喘不过气来，才会让自己活得那么辛苦。

世间万物都是如此，都讲究一个"度"。不管你做什么，都应该给自己留一个空间，让自己可以轻松呼吸；给自己留一点余地，让自己可以洒脱转身；给自己留一点轻松，让自己可以翩翩起舞；给自己留一点时间，让自己充分思考。既不冒进，又不颓废，既不紧张，又不松懈，劳逸结合，保持生活的弹性。如此，你才能保持旺盛的生命力和持久的战斗力。

工作之余，我们要学会调节生活，你可以在家呼呼睡大觉，也可以看几部精彩的电影，还可以和家人或朋友去郊区游玩，还可以约上三五个谈得来的朋友，坐下来小酌几杯，谈谈彼此的生活趣闻。还可以浏览名胜、爬山远眺，开阔视野，呼吸新鲜空气，这样既可以增加精神活力，还能在观赏花鸟鱼虫的过程中解除疲劳、放松紧绷的神经，这也是保持心灵快乐的良药。等到周末或假期结束，你再以饱满的热情投入到工作中，这般张弛有度的生活，会让你的身心不再疲惫。

5. 放开手脚，去做你喜欢做的事吧

在这个世界上，每个人都是独特的，每个人都可以为世界做出有意义的贡献。每个人来到世界上都是有原因的，那就是要在这个世界上扮演一个无人替代的角色。这个特殊的贡献就是做自己真正喜欢做的事。

林肯曾经说过一句很有哲理的话："如果一个人决心获得幸福，那么他就能够得到那种幸福。"什么是幸福呢？幸福就是放开手脚，做自己想做的事情。当你尊重自己内心的感受，做自己喜欢做的事情，说自己想说的话，过自己想过

的生活时，你的生活就会充满喜悦、丰裕和安宁。

“股神”沃伦·巴菲特的小儿子彼得·巴菲特可谓是全球最著名的“富二代”，但是他并没有子承父业，在父亲的丰功伟业的基础上，继续在股票投资领域干出一番事业，而是尊重内心的感受，选择了自己感兴趣的音乐制作。如今，他已经是美国著名的音乐家、作曲家，还是美国电视界的最高奖项艾美奖的获得者。从他身上，我们看到了与以往截然不同的“富二代”的成长经历、奋斗历史和独立人格。

小时候，彼得·巴菲特和很多美国同龄人一样，过着简单、快乐的童年。那时他的父亲还不是美国投资界的名人，更不是世界闻名的“股神”。他从小学习钢琴，他是一个很有耐心、很安静的孩子，弹琴是他最喜欢的事情。

上大学前，彼得并没有把对音乐的追求当作毕生的事业。直到他和父亲谈起职业问题时，父亲对他说了一句话：“不管你做什么，哪怕是做一个垃圾工，每天坐在垃圾车后面，我和你母亲也会一样爱你，只要是你喜欢的事。”从那以后，彼得·巴菲特坚定了他对音乐的追求。

有句话说：“择我所爱，爱我所择。”当你做自己喜欢做的事情时，你才会发自内心地投入热情，才会不惜代价、不计回报，把它做得出色。可以说，做自己喜欢的事，是一个人成功的最佳秘诀。不管你现在多大，只要你想做自己喜欢做的事情，就立即行动吧，因为纵然年迈了，你也会充满年轻的朝气和活力。

曾看到一篇文章，讲的是国内最大的模型公司的创办人成长的历程。他从小喜欢玩各种模型，有一次，考试之前，他玩模型忘了时间，没有复习考试内容。妈妈非常生气，把他的所有模型都踩了个稀巴烂，还大骂道："这些模型可以当饭吃吗?"

小家伙赌气道："我不仅要把模型当饭吃，还要把它当成很好吃的饭。"从那以后，他一直坚定不移地探索模型、改善和研发模型。如今，他的模型公司每年营业额高达几十亿元，模型畅销于世界各地。

事实上，世界许多大老板的成功，和这位模型公司的创始人非常类似，都是在兴趣和偏爱的指引下，不断走向精神和物质的双丰收。比如，当年的亨利·福特，由于对汽车充满兴趣，最后成了汽车大王，尽管当初众人嘲笑他，但他依然坚定地做自己喜欢的事情；比如，比尔·盖茨，他之所以成功，与他喜欢创意、享受创意是分不开的。他有一句口头禅，那就是："兴趣是一个人创意最大的动力，我做自己喜欢的事情，并把它做到全世界最好。"所以，赶紧放开手脚吧，做你喜欢做的事情，享受你的兴趣和偏好，你将成为最快乐的人，也将成为成功的人。

6. 不要为他人的批评而抓狂

有一家著名上市公司的总裁谈到员工的管理问题时，说过这样一番话："现在很多年轻人多少都有'受迫害妄想症’。那就是当上司指出他们工作中的缺点和不足时，他们会表现出很不高兴的样子，还会找各种理由为自己辩解，甚至会怒气冲冲地吼道：‘我不干了。’其实，上司指出他们的缺点和不足，并非故意指责和批评他们，而是希望他们知道：自己已经做得很好了，但还要稍加改进，这样会做得更完美。但是他们却认为上司在故意找茬、挑毛病，是在和自己过不去。”

这位总裁的那番话让人想起曾经的一则新闻：

一家企业的女上司被下属杀害了，原因是下属觉得女上司总是在挑他的毛病，比如，他写的文章总是被女上司要求修改多次，他的意见总是被女上司否决。他还觉得女上司歧视外地人，有意排挤他……这种不满和愤恨日积月累，终于有一天，这个下属对女上司起了杀念。

当下属把女上司绑到出租屋里时，女上司问他：“你为什么这样做呢?”下属把以往对女上司的所有不满都宣泄出来了。这时女上司惊讶地说：“我从来都没有这些想法，我只想把工作做得更好。”但是丧失理智的下属，最终一意孤行，杀害了女上司。

虽然这只是一个比较极端的例子，但是从某种程度上，它却很好地反映了人们对他人批评的反感和憎恶。面对他人的批评时，有多少人能做到心平气和地倾听，事后深刻地反省自己？多数人往往会因为他人的批评而抓狂、而生气，即使他们知道自己错了，但是为了所谓的自尊心，依然会为自己辩解，甚至狭隘地认为别人在故意让他难堪。于是，他们奋力地自我防卫，就像狗被踩了尾巴之后恶狠狠地咬人一口一样。

世界如此美妙，为什么我们要如此暴躁呢？面对别人的批评，如果我们做不到用感恩的心去接受别人的批评，也无须暴怒、无须抓狂，而要控制好自己的情绪，不乱发脾气，这是对他人最起码的尊重，也是对自己最起码的“善待”，因为生气会伤害别人，也会伤害自己。

也许你不希望别人指出你的缺点和不足，但是别人指出来了，表现的是对你的关心，期望你完善自己，这是为你好。如果你把别人的好意当成恶意，你能想象别人对你有多么失望吗？诗人惠特曼曾说：“你以为只能向喜欢你、仰慕你、赞同你的人学习吗？从反对你的人、批评你的人那儿，不是可以得到更多的教训吗？”

真正的智者，真正的有修养的人，不但会正视批评，还会感激别人的批评。因为他们知道人无完人，他们能从别人的批评中发现自己的问题，还能从别人不同的意见中发现别人的优点，从而完善自己、提高自己。换句话说，并不是所有的批评都是恶意攻击，相反，很多批评是善意的，是建设性的，是对你有帮助的。

事实上，没有人能免于被批评。对于别人的批评，智者懂得为自己多留一点余地，淡定从容地面对批评。就像知道天会下雨一样，只是不知道什么时候下，不知道是下大雨还是下小雨。他们不会对“雨”发火，而是选择打伞，选择接受下雨这件事。所以，你也不必为别人的一点批评而大动肝火，你所要做的就是有雅量地面对它，然后思考一下，是否有必要采纳别人的批评，调整自己的不足之处。

当他人批评你时，如果你能表现出不气不恼的淡定态度，不立刻为自己辩护，你通常会发现：批评的声音会自动减小、减少，或即使有批评，也会很快消散。因为你越对抗，越容易被批评，甚至是被攻击，当你过度反应时，批评你的人会更激动，他会继续批评下去，甚至会恶语相向。结果，你的心情会被搅得一团糟，你的形象、你的风度也会荡然无存。

当然，你也许会受到不公正的批评和指责，这个时候，你同样需要用感恩的心态来对待。俗话说得好："有则改之，无则加勉。"这样可以警醒你不要犯类似的错，也能修炼你抵御攻击的心智能力。你要感谢别人给了你一个"忍辱"的机会，感谢他在帮你强大自己的内心。

7. 乐观起来，再苦也要笑一笑

在漫漫人生路上，苦难不是最痛苦的，挫折也不是最可怕的，重要的是保持一种乐观的心态，坚定心中的信念，微笑着面对生活。既不要抱怨生活给了你太多的磨难，也不要抱怨命运给了你太多的不公，努力让自己活着的每一天，都在幸福和快乐中度过，这样你的人生才会变得"圆满"。

在洞房花烛夜，刘霞被一个瞎了一只眼睛的男人揭开了红盖头。那时候的人并不懂得伟大的爱情是什么，只知道嫁鸡随鸡，嫁狗随狗。因此，刘霞坦然地接受了现实，决心乐观地生活。

也许是瞎了一只眼睛的原因，丈夫在刘霞面前总有一种自卑，言行举止，总是唯唯诺诺，和刘霞说话都不敢抬头，从来不敢正眼看刘霞俊俏的脸蛋。一天了，刘霞鼓足勇气对丈夫说："你不要因为坏了一只眼睛就自卑，你还有另一只眼睛呢，比起双目失明的人来说，你应该笑才对。很多四肢健全的男人都没有找到心灵手巧的媳妇，而你却找到了，你应该做梦都偷着乐！"丈夫得到她的鼓舞后，家里开始欢笑不断。

由于家境不是太好，加上婚后他们生了 5 个孩子，日子过得紧巴巴的。丈夫恨自己无能，整天唉声叹气，萎靡不振，刘霞又开导他："我们与那些住进深宅大院、家财万贯的人相比，日子的确是苦了些，但是你看看那些拖家带口逃荒要饭的人，吃了上顿没有下顿，避雨的地方都没有，咱们起码还有吃的，还有住的地方，所以，你有什么好愁的？踏实地干活，开心地生活，就行了。"

多年以后，刘霞在一次意外事故中受了重伤，丈夫哭得死去活来，说刘霞如果有个三长两短，他也不活了，因为刘霞就是他的精神支柱。后来刘霞醒来了，他嘴巴乐开了花，可是当医生说刘霞要瘫痪时，他又开始哭泣了。

刘霞知道后，安慰他道："有啥好哭的，我还没死呢？我辛苦了大半辈子，照顾你和孩子，现在也该轮到你们照顾我了。不就是瘫了吗，我还有一条命呢，还能听到你们说话，还能和你们一起生活……”

刘霞为什么会那么乐观地对待生活呢？这与她知足常乐的心态是分不开的，与她“自娱自乐”的性格也是分不开的。也许她知道人生目标不会太圆满，所以再苦也会笑一笑。

其实，人活着就有痛苦、有烦恼，人生不会一帆风顺。面对不如意的生活时，是痛苦还是快乐，完全取决于我们的心态。如果再重的担子都要挑，与其哭着挑，不如笑着挑。再不顺的生活，只要笑着撑过去，就是一场伟大的胜利。

苦难到底是一笔财富，还是一种屈辱呢？当你战胜了苦难，它就是你人生的财富，当你被苦难战胜时，它就成了你人生的屈辱。所以，当你走入低谷时，千万不要悲观沮丧，千万不要轻易放弃自己。要知道，苦难是一种珍贵的磨炼，用乐观的心态去面对，你就有机会战胜苦难。所以，多笑一笑吧，苦难并没有你想象的那么可怕；多笑一笑吧，苦难之后你的生活依然会很美好。

英国思想家培根曾说：“微笑不值一分钱，但它却能带来许多东西。它让获得微笑的人感到富有，又不损失微笑者一分一厘。”法国作家拉伯雷说过：“生活是一面镜子，你对它笑，它就对你笑，你对它哭，它就对你哭。”如果你整天愁眉苦脸地生活，你怎么可能快乐起来呢？如果你想快乐地生活，那就给自己一个灿烂的笑脸吧！

人们常说：“境由心生，境随心转。”世界在我们眼中的容貌，取决于我们的心态，我们的心态若乐观，那么，再苦的世界也会充满希望；若我们的心是悲观的，那么美好的世界，也充满了消沉。所以，无论你的生活多么贫苦，无论你的生活多么糟糕，无论你的心情多么烦恼，都不要忘了笑一笑。

8. 善待人生，遇见最幸福的自己

生命的本质应该是快乐的，人生所追求的应该是幸福。因此，我们应该学会善待自己，善待人生，给自己营造快乐，帮自己走出痛苦，只有当我们快乐时，才能带给别人快乐，才能遇见最幸福的自己。

有个女孩失恋了，在公园的长椅上坐着伤心痛哭。这时一个哲学家走了过来，轻声问道："年轻的姑娘，你为什么这么伤心呢?"

女孩说："我和男朋友恋爱 6 年，就在我以为快要做他的新娘时，他却和我分手了，6 年的感情啊，说分手就分手，叫我怎么不难过……"

没想到，哲学家并没有安慰女孩，反而哈哈大笑起来，说："这是好事啊，你哭什么啊，真是笨。"

女孩非常生气地问："你这个人怎么这样？我遭遇这么大的打击，都快活不下去了，你不安慰我也罢，怎么还指责我呢?"

哲学家说："傻孩子，这件事你根本就不用难过啊，真正该难过的是他。因为你只是失去了一个不爱你的人，既然他不爱你，你早晚要失去的，还未结婚就失去，总比结婚之后失去，或结婚之后不幸福好吧？而他呢，他失去的是一个爱他的人，你说谁的损失更大？"

女孩听了之后，思考了一会儿，擦了擦眼泪，说："你说得对，我不会再伤心了。"

哲学家说："这就对了，年轻人，你的人生还很长，记得善待自己，这样你才能遇见那个珍惜你的男人，才能在未来的某天，遇到那个最幸福的自己。"

每个人都是自己的好朋友，好朋友之间应相互善待，所以，我们应该善待自己。善待自己，就不要让自己徒增伤悲，善待自己，就不要让自己太苦太累，善待自己，就应该学会欣赏自己，爱惜自己，让自己每天都活得精彩，活得幸福快乐。这样，我们才能从镜子中看到自己的影子，看到那个满脸洋溢着幸福笑容的自己。

善待自己，就不要和自己过不去，对于不如意的事情，试着开导自己、安慰自己、娱乐自己，这样才能超越自己，才能化解生活的诸多烦恼。善待自己，就是为自己打开一扇幸福的大门，让缕缕花香飘进心房，感受那沁人心脾的美好生活。

善待自己，就是肯定自己、赞美自己、接纳自己，做自己的主人，做自己喜欢的事情，包容自己的缺点，为自己感到自豪，给自己温暖。善待自己，就是在人生的征途中，给自己一束阳光，一捧鲜花，给自己一个明媚的笑容，乐观地对待生活。

善待自己，就是想办法让自己过得轻松，让自己一身清爽，巧妙解除心灵的羁绊。善待自己，就要多倾听生命的声音，多采集人性的光辉，多感悟生活的意义，多开启智慧的心灵，让自己享受高品质的生活。

善待自己，就不要太在意功名利禄，活着就是为了幸福，而不是为了争名夺利，和别人较真，更不是和自己较劲，平白无故地折磨自己。这样，我们才能活得更快乐，才能感悟到“非淡泊无以明志，非宁静无以致远”的高深智慧。

学会善待自己，是一种智慧，也是获得快乐的途径。善待自己，不让自己活在过去的阴影中，不让自己沉湎于曾经的悲痛中，不让自己内心的负面情绪压抑太久，伤心时，痛快地大哭一场，让哭泣带走所有的委屈和伤感。哭完之后，对着镜子微笑，然后继续做快乐的自己，去与那个幸福的自己约会。

第四章

舍弃浮华，淡定的人生不寂寞

浮躁是盘踞于内心的一大魔障，心若浮躁，寂寞便是一种失落，人就会与成功和快乐渐行渐远。心若淡定，寂寞便是修行的时机，心就会超脱于寂寞，从而感悟生命的真实滋味。当一个人把寂寞当成人生预约的美丽时，人生便没有真正意义上的寂寞了。当一个人怀着淡定从容的心态去拥抱寂寞时，他便能守住属于自己的那份平淡生活，他就是一个幸福的人。

1. 生活本来就是平平淡淡的，为何一定要轰轰烈烈

很多时候，人们认为只有轰轰烈烈的一生，才会显现出人生的辉煌，只有不同凡响的一生，才能显现生命的价值。有了这种认识，他们便在生活中使出浑身解数，去追求所谓的辉煌和成功。如果有幸成功了，固然是可喜的，若没有成功，他们就会垂头丧气，甚至从此以后浑浑噩噩地生活。

其实，当我们静下心来时就会发现：辉煌只属于一时，并不能代表永恒，再辉煌的人生，最终都要回归到平淡，平平淡淡才是生活的主旋律，平平淡淡才是真正的生活。在平淡中学会珍惜人情中的温暖，才能回味幸福的时光。

他的求学之路可以用“辉煌”两个字来形容，一直以来，他的成绩都非常优秀。在大学，他的表现更是璀璨夺目，他能写出一手好文章，他参加各种文体活动，他的毕业论文答辩赢得了全体师生的一片喝彩。

大学毕业后，人们都认为他会有一个辉煌的前程，他也

认为自己可以追求一番轰轰烈烈的事业。但不知是命运弄人，还是上天的刻意安排，他被命运安排到一个山旮旯里当了一名山村教师。

他是个有棱有角、有豪情壮志的年轻人，他不甘于当一名教师，不甘于在平淡中度过最宝贵的年华。尽管这里的风景很美，这里的生活很宁静，但他那颗躁动不安的心无法在这里停留。一个学期结束后，他利用暑假去了深圳——他梦寐以求的大都市。

他有个好朋友在深圳一家大公司发展得不错，在他的引荐下，他辞去了学校的工作，加入了那家公司。他的才华在那家公司得到了很好的展示，半年之后，他就凭借过人的能力，获得了飞跃式的晋升。从此以后，他经常和朋友出入高档会所，俨然一个成功人士。

几年之后，他不甘于为人打工，决定用攒下来的钱去做一份自己的事业。当他得知有个朋友在北方一座城市开了个煤窑、发了横财时，他决定出资入股。由于小煤窑生产安全措施不齐全，开采技术不科学，矿难事故频发。后来，他和朋友合伙开的煤矿发生了一次大矿难，死了很多工人，他朋友跑了，他成了替罪羔羊，进了监狱。

在监狱里，他不断地反思这些年来的“辉煌事迹”，渐渐想明白了生活这道题——不在于轰轰烈烈，而在于平平淡淡、平平安安。他开始怀念在山旮旯里教书的日子，是那么宁静，是那么安然，当他看到孩子脸上的笑容时，心中是那么幸福……

很多时候，只有当你失去时，你才能懂得什么是珍惜。

就像上文的那个年轻人，在失去了平淡宁静的生活时，才意识到盲目追求所谓的辉煌是多么不值，才意识到平淡生活是多么可贵。事实就是如此，平淡的生活虽如白开水，但却是那么真实，是那么靠谱。

一篇文章中有这样一段话：“真正幸福的生活，并不是什么轰轰烈烈，而是一壶水，平平淡淡，而在加热时，却也会泛起一些波澜……”其实，平淡并不意味着平庸，更不意味着贫乏，平淡中也有种种乐趣。

平淡之中有“采菊东篱下，悠然见南山”的闲适，平淡之中有“明月松间照，清泉石上流”的恬静，平淡之中还有“淡泊以明志，宁静而致远”的踏实，平淡之中更有“行到水穷处，坐看云起时”的神情自若和脚步从容……

所以，没有必要羡慕浩瀚的海洋，羡慕滔滔的江水，潺潺的溪流才是生活的源头，平淡如水的生活才是生命的尽头。只要你愿意，哪怕你是一滴水，也同样可以折射出太阳的光辉，让平淡的生活充满绚丽的色彩。

2. 心淡定，就不怕琐事扰乱生活

有人说，世界太喧嚣，搞得我无法静心；有人说，琐事太纷杂，搅得我无法快乐。其实，并不是世界太喧嚣，也不是琐事太纷杂，而是内心不够淡定。如果你的心淡定了，就不怕世界喧嚣，不怕琐事烦扰。心若不淡定，世界永远动乱不止，你的心也永远无法得到安宁。

淡定是一种心境，是一种珍宝，就如生命盛开的鲜花，又如灵魂成熟的果实。当你有一颗淡定的心时，你便能不为琐事扰乱生活，不为小事打乱心智，你就可以坦然地做自己该做的事情。反之，如果心不淡定，后果将是非常可怕的。

在世界台球冠军争夺战中，路易斯·福克斯和对手正在对战，他的得分遥遥领先对手，只要再加把劲，冠军就是他的囊中之物。可是对手并未放弃，他想抓住一切可能的机会，扭转不利局面。

当路易斯·福克斯准备击球时，一件让人意想不到的事情发生了。只见一只苍蝇飞到了主球上，仿佛在那里向路易斯·福克斯挑衅。路易斯·福克斯下意识地挥手赶走苍蝇，但是当他调整好情绪准备击球时，那只苍蝇又飞回到主球上，路易斯·福克斯再一次驱赶苍蝇。

可气的是，苍蝇好像故意在和他作对，无论怎么赶也赶不走，而在场的观众，则爆发出一阵阵哄笑，搅得路易斯·福克斯情绪大乱。他失去了理智，挥着球杆去击打苍蝇，结果没打到苍蝇，却碰了一下主球，裁判判他犯规，他失去了再次击打的机会。

面对这种情况，路易斯·福克斯开始心浮气躁，结果连连失利，再也打不出完美的球。就这样，触手可及的冠军与他失之交臂。

比赛结束后，路易斯·福克斯怎么也接受不了自己的失败，他无法承受被一只苍蝇打败的事实，这对他来说就是一个耻辱，因此，那天晚上他喝了很多酒，第二天，人们在一条河里发现了他的尸体——他投河自尽了。

与其说路易斯·福克斯被苍蝇打败了，不如说他被自己打败了。如果他的心足够淡定，那么他的眼里只有球，怎么会有那只可恶的苍蝇呢？倘若他在击球过程中，不因一只不起眼的苍蝇而大动肝火，而是专心地比赛，那只苍蝇又怎么会影响他的发挥呢？所以，他是输给了自己，输给了心中的“苍蝇”——浮躁。

生活中，我们也经常可以看见“苍蝇”——琐事，虽然它微小、不起眼、琐碎，但是却经常让人情绪大乱、烦恼不已。甚至可以说，人们躲得过一头老虎的威胁，却躲不过一只苍蝇的烦扰。这并非夸张，而是有事实依据的。

狄士雷里说过：“生命太短促了，不要再只顾小事了。”面对生活中的琐事，我们应该保持一颗淡定的心，不要浮躁，不要动怒，而要想办法去接受，去转移不良的情绪。作家荷马·克罗伊说过，他在写作的时候，经常被纽约公寓热水灯的响声吵得快要发疯了。后来有一次，他和几个朋友露营。当他听到木柴烧得噼啪作响时，他突然觉得这种声音和热水灯的响声一样，他问自己：为什么我讨厌热水灯的响声，而喜欢木柴燃烧的声音呢？回到家里之后，他不断地告诫自己：“火堆里木头的爆裂声很好听，和热水灯的声音也差不多。”在这种积极的暗示下，他从此不再去理会那些声音，慢慢地，他完全忘了生活中还有那种声音。可见，换一种态度对待琐事，你就完全会有不一样的感受。

3. 成功要耐得住寂寞，禁得起诱惑

多年以前，有个养蚌人想培育出一颗美丽的珍珠。于是，他来到沙滩上挑选沙粒。当他耐着性子征询一粒粒沙粒的意见时，那些沙粒都摇头说“不”。就在他快绝望时，一颗沙粒答应了他。

旁边的沙粒都感到不可思议，认为这个沙粒是傻瓜、是弱智，因为在变成珍珠之前，沙粒必须在蚌壳里住很多年，而且要深入海底，那里没有阳光雨露，也没有明月清风，甚至空气都不充足，有的只是黑暗、潮湿、寒冷、孤寂，实在是太不值得了。可是，那颗“傻”沙粒义无反顾地追随了养蚌人。

很多年以后，那颗沙粒成长为一颗晶莹剔透、价值连城的珍珠，它被人安放在精美的盒子里，整日周游列国，供人们欣赏，赢得了无数的赞美。而当年那些嘲笑它的沙粒，早已被风化成尘土，不知飘落到了世界的哪个角落。

很多人在成功之前，就像一颗平凡的沙粒，有些人在生活的磨炼下，不知不觉变成了“珍珠”，变成了“金子”，开始在自己的行业里发光、发亮；而大多数人历经多年岁月沧桑，依然是一颗不起眼的沙粒。你想成为珍珠吗？那就请先耐得住寂寞！

有一句名言说得好：“如果你想出人头地，就要耐得住

寂寞，因为成功的辉煌就隐藏在寂寞的背后。”这与知名华人作家刘墉说的一句话不谋而合：“年轻人要过一段‘潜水艇’似的生活，先短暂隐形，找寻目标，耐住寂寞，积蓄能量；日后方能毫无所惧，成功地浮出水面。”无论你的人生处于巅峰，还是处于低谷，耐得住寂寞，都是对你最佳的忠告。

人生是一个自我修行与修炼的过程，任何轻浮之人、肤浅之流、无知之辈、慵懒之徒，幻想通过投机取巧的办法一夜成名都是在做白日梦，只有找到自己生命与工作的意义，找到人生的方向，脚踏实地地去进步的人，才能耐得住寂寞的考验，最后修成正果，获得较为圆满的人生。

英国人布莱汉姆原本是一名非常普通的清洁工，然而，历经30余年的寂寞考验，他从一名普通的清洁工，成长为一名合格的剑桥导游。这到底是怎么回事呢？

原来，布莱汉姆20多岁时，打算在剑桥大学当个老师，但是一直没有如愿。为了生活，他只好从事打扫街道的工作。没想到，一扫就是30年。在这30年间，他利用业余时间，将剑桥的历史、建筑、人文研究得了如指掌，获得了剑桥大学文学荣誉硕士学位。

或许你不知道，这个荣誉学位在剑桥可是最高荣誉了，以往只颁发给爱因斯坦、比尔·盖茨等大人物。剑桥大学的发言人说：“校方决定给布莱汉姆颁发荣誉学位就是因为他对剑桥的热爱。”

30年的默默苦学，造就了30年后的“摇身一变”。这

“一变”不是一蹴而就，而是历经30年的寂寞。布莱汉姆不为寂寞所困，不在寂寞中消亡，而是把生活调节得有滋有味，可以说，他是一个成功的人，更是一个幸福的人。

寂寞是一种心境，像一层薄薄的雾，撩开了就会发现，其实寂寞之中只要有追求，寂寞也会无限精彩。寂寞是一份清静，也是一种考验，更是一种坚守。在寂寞中依然不浮躁、不失落的人，往往能创造惊人的成就。寂寞是一种修炼，淡定的人在寂寞中可以思索人生、规划人生，还能参悟人生的真谛，感悟生命的意义。

但是，一个真正的成功者，仅仅耐得住寂寞是远远不够的，他还必须禁得起诱惑。禁得起诱惑，沙粒才能在长年累月的修炼中不浮躁，不为阳光雨露、明月清风所留恋；禁得起诱惑，布莱汉姆才能在30年的勤学苦读中踏实进取，不为物欲、名利、他人的眼光所烦扰。一个人能走多远，关键在于能禁得起多少诱惑。禁得起浮躁世界的诱惑，人才能耐得住寂寞；禁得起各种欲望的诱惑，人才能淡定快乐。

生活中充满了形形色色的诱惑，金钱、美女、房子、权利都是诱惑。诱惑就像那种大而绚丽的蘑菇，就像那种性感妖娆的美女，只可惜它们带着“毒”，前者毒害的是生命，后者毒害的是灵魂。一个才华横溢、官运亨通、平步青云、前途无量的人，可能拜倒在女人的石榴裙下，可能迷失在对金钱的贪欲里，可能毁灭在权利的争夺中。因此，如果不想毁在诱惑里，就必须对诱惑保持自制力，尽可能让自己远离诱惑。

其实，人生的修炼不外乎两个：一个是修炼对寂寞的忍耐力，一个是修炼对诱惑的抵抗力。当你怀着一颗淡定的心，一心一意地追求和探索时，寂寞就会变成你修行的时机，诱惑则会成为助你成熟、成长的恩师。

4. 不以物喜，不以己悲，是人生的大智慧

北宋文学家范仲淹在《岳阳楼记》中写道：“不以物喜，不以己悲。”让世人感受到他博大的胸襟和淡然的心态。这句话的意思是，不因外物的好坏和自己的得失而或喜或悲，表现的是一种超脱于尘世的淡定态度。历览古今，当一个人抱定“不以物喜，不以己悲”的心态去生活时，他往往能实现人生的突围和超越，在事业上获得成就，在生活中获得快乐。

然而，“不以物喜，不以己悲”说起来很动听，听起来很诱人，但真正做起来却不那么简单。尤其是在这个物欲横流的时代，在这个充满诱惑的世界，各种各样的占有欲和享受欲，把人的心撩拨得方寸大乱，很多人都按捺不住躁动的心而跃跃欲试。面对成败得失时，有几个人能做到不狂喜、不大怒、不得意、不沮丧？当我们为温饱问题苦苦挣扎时，看到别人开着小车奔向小康生活时，我们能不黯然失落吗？

一位中国学生在美国留学，学业有成之后，他和朋友谈起看问题的视野变化时，讲了一段自己心灵成长的故事：

“在小学时我的成绩优秀，当我考上了县城的中学之后，我发现自己再也不能像在小学时那样每次都名列前茅了，于是我有时候会生闷气，既生自己的气，也生别人的气：因为别人超过了我，而且别人还有六棱好铅笔，还有好钢笔，而我却没有，我觉得天道不公。

“中学毕业后，我考上了北京的一所大学，可是好景不长，我的学习成绩只处于班里的中游水平。看到城里的孩子好笔成堆，早上有牛奶和蛋糕，中午有两荤一素，晚上还有水果，想想自己，早上一个窝窝头都舍不得吃，还要留一半给中午。公平又从何谈起？于是，我继续嫉妒别人，也为自己感到自卑。

“大学毕业后，我幸运地抓住了去美国留学的机会，看到了五光十色的西方世界，所有的嫉妒、自卑、怨恨忽然间一扫而光。我发现，当年我过得不开心，我嫉妒别人，是因为我的心胸太过狭隘，思想太过浅薄，当年我的眼里只有同学，而现在我的眼里是整个世界。”

很多时候，人之所以不快乐、不淡定，是因为内心不够宽广，思想不够深刻。当狭隘的人、心眼小的人在蜗牛角上打架，为了鸡毛蒜皮的小事争吵不休时，心胸宽广、思想深刻的人早已与同仁携手漫步在太空，居高临下地欣赏多姿多彩的世界。

很多事情，当你事后转过头去想一想，发现当初的视角真的太错误了。如今，当你转换一个视角，用淡泊之心看待问题时，突然发现快乐是那么单纯，成功是那么简单。有句话说得好：“是你的就是你的，争也争不来。”还有句话说：“是金子总会发光的。”当你不与别人争斗，不与别人比较，淡定地走自己的人生之路时，你往往会看到更隽永的风景。

人生在世，每个人都会遇到各种各样的情况：得与失，苦与乐，沉与浮，升与降，胜与败，等等。谁能不受这些外物的束缚，看得开、看得透，谁就能活得洒脱；谁纠结于一时的得失与苦乐，谁就会难以活得快乐。两者之间的差别，关键在于能否“不以物喜，不以己悲”。

“不以物喜，不以己悲”，是一种“无我”的大境界。只有敢于跳出自己的圈子、跳出物质的圈子、挣脱物欲的绳索、摆脱名利诱惑的人，才能做一个超然物外之人。何为“无我境界”呢？其意思很简单，那就是这个世界的一切都不是你的，也不是我的，而是自然界的，谁也无法拥有一世，谁也无法一辈子占为己有。今天有人得到了，明天他们还会失去，今天你失去了，有朝一日你还会得到。有了这样的心境，人生何处没有快乐？

“不以物喜，不以己悲”是一种高明的取舍智慧。不该要的东西，你不能要；得不到的东西，你不必为之痛苦。很多无关紧要的事情，不要去计较，不要去看重，不要去追求，不要去在乎。就像塞翁失马一样，得到不一定是福气，失去不一定是痛苦。如果你有这种取舍心态，那么无论得到什么或失去什么，你都能保持一颗淡定之心。

“不以物喜，不以己悲”是一种泰然处之的心态。不管面对怎样的诱惑，不管遭遇怎样的险境，都要保持一颗平静的心，不喜、不悲、不恨，不恼、不慌、不乱，不随意流露内心的情绪，不轻易被外物左右自己的心情。如果你能做到这点，就能在平淡如水的日子里感受到丰富多彩的人间欢乐。

5. 远离浮躁，让心境充实起来

有个老人在河边钓鱼，离他不远处有个年轻人，也在守望着一根长长的钓竿。

半个小时过去了，老人已经钓了四五条大约两三斤重的草鱼，可年轻人的鱼饵却“无鱼问津”。年轻人躁动不安地跑过来问老人：“你用的是什么诱饵啊？怎么钓了这么多鱼？我怎么毫无所获呢？”

老人笑着说：“我钓鱼时，只是静静地守候，鱼根本感觉不到我的存在，因此，鱼就会咬我的诱饵。你钓鱼时，时不时提竿，时不时叹息，你浮躁的心态和举动把鱼儿吓跑了，当然一无所获了。”

年轻人之所以钓不到鱼，就是因为心浮气躁，也许他心里想快点钓到鱼，快点钓到大鱼，但正因为想快点钓到鱼，才欲速则不达。因为一颗急功近利的心是难以安静下来的，只有远离浮躁，才能淡定如水、悠然如松，一步一个脚印地走向成功。

在短暂的人生旅途中，浮躁是幸福、快乐和成功的最大敌人，是一种冲动性、情绪性、盲动性交织在一起的负面心理。浮躁之人遇到困难时，容易心猿意马、朝三暮四；遭遇失败时，容易自暴自弃、甘于沉沦；面对成功时，容易得意忘形、忘乎所以，甚至失去起码的理性和判断。

浮躁之人无法静下心来，他们耐不住寂寞，禁不起诱惑，总是吃着碗里瞧着锅里，这山望着那山高。浮躁之人喜欢投机取巧，不愿意脚踏实地，不肯为一件事倾尽全力，既想得到鱼，也想得到熊掌，最后往往一无所获。

你被浮躁困住了吗？在金钱和名利对我们影响越来越大，在我们对自身修养的追求越来越缺少的时候，我们往往会缺少一份淡定踏实的心态；或太看重得失，于是变得患得患失；或太看重名利和欲望，于是变得盲目追求；或太看重物质享受，于是把那颗不快乐的心遗忘在黑暗的角落。浮浮沉沉，浮浮躁躁，最后发现人生不过一场空，后悔当初没有脚踏实地，感受追求梦想的过程中的点滴快乐。

美国船王哈利年迈时，打算把公司的财政大权交给儿子小哈利。在小哈利 23 岁生日这天，老哈利把他带到赌场，想让他接受挫败的打击，磨炼他的心智。他给了小哈利 2000 美元，反复叮嘱他：一定要剩 500 美元回来，不能全输掉了。小哈利答应得很爽快，但是上了赌桌之后，就把父亲的话忘得一干二净，最后把 2000 美元输光了。

后来，小哈利通过打工挣到了 700 美元，当他再次走进赌场时，他给自己定下了规矩：输了一半的钱我就不来了。结果，他没能守住这条原则，又输了个精光。于是他再次去打短工，半年后，他第三次走进赌场。这一次，他不再急功近利，不再心浮气躁，比以往表现得沉稳了许多。当他的钱输得只剩一半时，他毅然起身走出了赌场。

老哈利得知这件事后，对小哈利说："你以为走进赌场是为了赢钱吗？不是，我是想让你先赢了你自己。只有当你能够控制住你浮躁的心时，你才能做天下最大的赢家。"

小哈利虽然输了一半的钱，但他却有一种胜利的感觉，因为他沉住了气，学会了淡定，战胜了浮躁的心理。从那以后，老哈利把公司放心地交给了小哈利。

"登高必自卑，行远必自迩"。成就一番大事就像攀登高峰，纵使你浑身充满了激情，内心壮志凌云，你也得低着头、沉住气、耐着性子，踏实地一步步去攀登。在攀登的过程中，也许你会不慎摔跟头，也不应该烦躁、恼怒，而要淡定地爬起来，拍一拍身上的灰尘，继续向上攀登。不要着急，不要慌张，因为任何成功，都不是一蹴而就的，而是需要跨越很多障碍，才能达到胜利彼岸的。

一位哲人曾经说过，浮躁是魔鬼折磨人生命的伎俩。它能让人失去生活的方向，使人在无尽的忙乱中找不到幸福的归宿。只有当你告别了浮躁，你的心灵才会得到愉悦和修养，你才能抛开世俗的繁华，丢下红尘的喧嚣，找到闲逸的心弦，让自己的心灵得到休憩。只有当你告别了浮躁，去做自己该做的事情时，你才能达到忘我的境界，让梦想展翅高飞。

6. 冲动是魔鬼，学会控制自己的情绪

有这样一个小故事：

有一个小男孩脾气很坏，经常为一些小事发脾气。父亲为了帮他学会控制情绪，让他每次发脾气时，在篱笆上钉一颗钉子。当有一天小男孩不再那么冲动，不再往篱笆上钉钉子时，父亲便叫他把钉子拔出来。这时，小男孩发现钉钉子比拔钉子简单多了。当小男孩把所有的钉子都拔出来之后，父亲对他说："你看，虽然你拔出了钉子，但是篱笆上还有洞眼儿。这就像你冲动之后戳别人一刀一样，不管你事后说多少声'对不起'，刀疤永远都在。"

其实，恶言恶语就像刀和钉子，出口之后，就会给别人造成伤害。而且不但伤害别人的肌肤，还会伤害别人的心灵。不仅如此，还会伤害自己，因为冲动、生气是用别人的错误折磨自己，是在自我摧残，自我毒害。

美国生理学家艾尔玛曾做过一个实验：他把一支支玻璃试管插在盛着药水的容器里，然后让处于不同情绪中的人往试管里呼气。结果发现，心情平和的人呼出的气凝成的水澄清透明，是白色、无杂质的，而生气的人呼出的气会凝成紫色的沉淀物。他把这种紫色沉淀的水注射到白鼠身上，几分钟后，白鼠居然死了。可见，人在冲动、生气时，呼出的气都是有毒物质。因此，为了自己的健康，请学会控制不良的

情绪。

另外，人在冲动的时候容易犯错，容易被人利用。因此，成功者往往有非凡的自制力，懂得忍受屈辱的刺激。比如，三国时期的司马懿，在面对诸葛亮的进攻时，他以静制动，以守代攻，避而不出。因为他知道诸葛亮的蜀军远道来袭，后援补给不足，只要采用拖延战术，诸葛亮就会不战而退。诸葛亮为了让司马懿出战，多次派兵到司马懿的城下叫骂，但司马懿置若罔闻；诸葛亮又派人给司马懿送去一封讽刺信，还送去一件女人的衣服，讽刺他是女人。但他依然不恼不火。最终，诸葛亮在相持数月之后，一命呜呼，蜀军群龙无首，只好悄然退兵。

拒绝被冲动这个魔鬼牵着鼻子走，学会控制自己的情绪，不仅是一种做人的修养，也是一种处事的智慧。因此，遇事要学会冷静，保持心平气和的态度，要有“泰山崩于前而面不改色”的气度，先考察事情的原委，研究分析其来龙去脉及前因后果，了解其真相之后，再去处理，这样就能避免冲动而犯错、伤人伤己。

那么，具体怎样才能控制自己的情绪呢？

第一步，思考一下自己的行为，看看自己是否有不当之处。比如，当别人指出你的错误时，你要想一想自己是否真的错了。如果你见别人指出你的错误，就认为他在向你挑衅，在找你茬，就生气地与他“开战”，那么你就可能误解别人的一番好心。也许别人是为了你好，才指出你的错误，让你改正，让你进步呢！所以，还是先想一想自己的行为和表现吧！

第二步，低估外因的伤害性。很多人为了鸡毛蒜皮的事情发脾气，别人一句不经意的话，他们会耿耿于怀；别人一个不小心的举动，他们会怀恨在心，或生闷气，或公然叫板。其实，事后想一想，别人的言语和行为对你并没有多大的伤害，包容一下，想开一点，不愉快就会烟消云散，丝毫没必要大动肝火。

第三步，先让自己保持冷静，冷静之后再解决问题。在莎士比亚的作品中，奥赛罗由于听信小人谗言，怒发冲冠，杀害了自己的爱妻。当他幡然醒悟，意识到自己的错误时，为时已晚。痛不欲生的奥赛罗一时间难以原谅自己，选择了自尽身亡，从而酿出一幕人间悲剧。试想一下，如果奥赛罗听到小人的谗言后，能冷静下来想一想，就可能不会做出冲动的举动了。所以说，无论遇到什么让你震惊的事情，都应该想办法让自己冷静下来。因为理智来自于一颗冷静思考的心。

第四步，把愤怒的情绪转移掉。怒气是一种负面的能量，如果不加转移，就会把人逼疯。因此，当你心中有怒气时，不妨迅速把怒气转移。比如，当你和别人产生矛盾，你发现自己马上就要生气时，请马上走开，去洗一把脸；或看一看窗外风景；或专心做自己的事情，总之，不要让坏情绪继续泛滥。

7. 在压力中，也可以让心闲庭信步

在纷杂喧嚣、充满诱惑的现代社会，房子、车子、票子扰乱了人们的内心，蒙蔽了人们的双眼，让人心生疲惫，让人活得沉重。其实，一切欲望都是浮华，要想快乐地活着，就不应该被它们拖累。纵然每个人都不可避免地要面对客观的压力，但只要有一颗淡然之心，也可以让自己在压力和忙碌中闲庭信步。

有一则小故事说：

一个下雨天，路人纷纷奔跑以避雨，有个人却悠闲地在雨中走着，引来路人的不解。有个人就问他："下雨了，你怎么不跑呀？你的衣服都湿了。"那人回答道："不着急，前面也下着雨呢！既然衣服湿了，我索性淋一场雨，也好感受一下雨水的清凉，欣赏一下雨景。"

也许别人觉得他是个傻子，但他却依然在雨中漫步。即使雨水淋湿了衣服，又有什么大不了呢？漫步雨中不也是一种别致的享受吗？为什么见了雨就落荒而逃，就像遭遇压力时紧张、焦虑、慌乱一样？生活其实需要一种闲庭信步的淡然，而不只是每天周而复始的忙碌，否则，我们忙碌一生，却不曾回首来时路，不曾向往美好的未来，多少是一种遗憾！

现实生活里，有些人遇到一点小小的挫折，就心灰意

冷，牢骚满腹；有些人遇到一点压力，就紧张兮兮，寝食难安。其实，就算输了又怎样呢？输了，并不意味着你永远不会成功，也不意味着你比别人差。即使生活有一千个让你觉得累的理由，你也要拿出一万个让自己快乐的理由笑对人生。这就叫“不管风吹雨打，胜似闲庭信步”。

闲庭信步是一种气节，一种修养。大凡闲庭信步之人，始终保持一份独立的人格，守护心灵上的一方净土。故而，面对权贵时不会奴颜屈膝，面对卑微时不会盛气凌人。不会因为贪图财富而不择手段，也不会因为追求美色而失掉名节。

闲庭信步是一种境界，一种气度。闲庭信步之人，为人处事总会不慌不忙、不躁不乱，井然有序。面对突变事件，他们从容淡定，镇定自若。他们不以物喜、不以己悲，面对鲜花和掌声时，能泰然处之，面对厄运和挫折时，也能擦干眼泪，重整行囊，从容前行。

闲庭信步是一种豁达，一种乐观。生活之中，不如意十之八九。当梦想搁浅，当仕途艰辛，当飞来横祸，当人际矛盾凸现时，闲庭信步之人绝不会以泪洗面，他们知道悲痛万分无济于事，故而能从容面对现实，既表现出镇定和豁达，又展现出一笑而过的气魄和勇气。

闲庭信步是一种潇洒，一种自信。面对人生中的各种复杂场面，闲庭信步之人会深谋远虑，未雨绸缪。他们高瞻远瞩，不会被眼前的困境蒙蔽。因此，当风云四起、变幻莫测时，他们依然能从容不迫，这是何等的洒脱，何等的惬意！

8. 压力来自外界的强加，淡定就是让自己内心强大

在现实生活中，很多人喜欢把压力全部归结于外界的强加，面对不如意的生活时，他们往往习惯于消极抱怨、被动抗争，让自己活在疲惫之中。其实，人之所以觉得压力太大，累得喘不过气来，很大程度上还在于内心不够强大，不善于缓解内心的压力，找到快乐的动力。

有时候，人们还喜欢把那些原本平常的事情想象成压力，比如，当他们看到亲戚买车买房，看到同事加薪晋升，看到朋友娶到漂亮的老婆或嫁给有钱的男人时，他们会不自觉地认为自己落后于人，于是产生压力，造成精神紧张、饱受压抑、开心不起来。

不可否认，压力是客观存在的，但是生活依然要继续。与其带着压力去生活，每天活得不开心，不如看开点、看淡些，想办法化解压力，学会自我安慰，然后怀着一种轻松快乐的心情去生活、去工作。这样更容易发现生活的美好，更容易打开成功之门。

王瑜在一家服装设计公司工作，凭借独特的设计灵感和商业眼光，她将很多陈旧、平淡的款式改装成时髦的流行款式，产品一经推出，让消费者眼前一亮。在这期间，王瑜一直跟着老师参加设计，从来没有独自设计产品。

一年夏天，有个大客户要参加一个重要的造型设计比

赛，老板让王瑜和她的老师为这个客户设计服装。但不巧的是，当时王瑜的老师生病住院，没法组织这次服装设计。于是，老板让王瑜担任主要设计人，全权负责这次设计任务。

接到通知后，王瑜一开始非常激动，但很快激动的心情就变成了压力和焦虑。“以往都是老师带着我们一起做设计，现在我是主要设计人，万一我做不好怎么办？那样会辜负老师的期望，还会让老板对我失望，更会让客户对公司失去信任……”想到这里，王瑜满脑子都是挥之不去的压力。

在为那位客户设计服装的日子里，王瑜每次听到同事说关于比赛的事时，她就会不自觉地心中紧张。渐渐地，她变得寝食难安，脾气异常烦躁，有时候会拍打桌子，甚至把设计图纸和样板往地上摔。

当她把设计出来的图纸送到医院给老师看时，老师指出了很多她平时不曾犯的错误，图纸改了好几次，她之前的灵感也消失了。老师不断提醒她要放松心态，不要给自己太大的压力。可是她每次回到公司，又陷入了压力的魔咒。

老板得知王瑜的状况后，也建议她不要给自己太大的压力，带着平常心去设计服装。听到老板这么说，王瑜的压力稍稍减弱。后来王瑜的老公又开导她：“有什么大不了的，不就是一次平常的设计吗？你没必要太在意，放轻松吧，你会有出色的设计的。”

经过大家的开导和安慰，王瑜渐渐平复了内心，甩掉了“主要设计人”的包袱，轻松上阵，为客户设计了一款非常满意的服装，而且客户还在那次造型设计比赛中获得了第一名。

王瑜第一次担任主要设计人，压力肯定是有的，但她不应该把这种客观的压力无限地扩大。因为压力越大，心情越糟糕，身体越疲惫，这样怎么可能把事情做好呢？幸运的是，她最后调整了自己的心态，淡化了压力，让自己带着轻松的心情面对工作。由此可见，很多时候，压力是自己造成的，是自己臆想出来的。只有把过度的压力驱逐出内心，卸下心头的包袱，才能做得更好。

面对一些客观存在的不幸，悲观、懦弱者往往会说："这是上天注定的厄运，这是无法改变的。"然后，他们把这种压力永远放在心头，让自己背着沉重的包袱去生活，永远活在消沉中。而乐观、勇敢、内心强大的人知道，虽然客观环境对自己不利，让自己感到了压力，但他们不会就此认命，而是用淡定的心重新为人生之帆起航。

俗话说："生死有命，富贵在天。"可是，人的生命真的是由上天注定的吗？其实，命运更多地把握在自己手里，无论遇到什么挫折和打击，只要你不放弃自己，就没有人能放弃你。只要你不把太多的压力强加给自己，幸福就会为你开启一扇门。

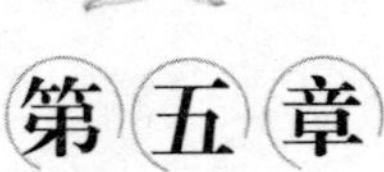

第五章

幸福其实很简单

有个禅师说："一派青山景色幽，前人种地后人收。后人收了莫欢喜，还有收入在后头。"其实，每个人都是生命的过客，要想做一个幸福的过客，就应该活得简单点、活得自在点。简单就是不强求，就是不过分占有，就是一切随缘，能得到多少就得到多少，那么你就会幸福快乐。简单不意味着丢弃目标、放弃追求，而是在追求中享受生命过程中的精彩，珍惜当下的幸福，让每一天充实和快乐。

1. 幸福就像手心里的沙，握得越紧失去越多

什么是幸福呢？有人说，幸福就像手心里的沙，握得越紧，失去得越多。有人说，幸福是海绵里的水，抓得越牢，流失得越快。其实，幸福就是简单，就是顺其自然，就是不刻意强求。

幸福就在我们身边，就在我们心里，只要我们保持一颗简单的心，顺其自然地生活，就能感受到幸福。如果我们刻意去寻找、去抓、去占有，反而会在“抓幸福”的过程中把心情弄糟，让自己变得不快乐。换言之，幸福不是抓来的，也不是找来的，而是用简单的心感悟到的。

生活中，有些人认为幸福就是得到一些东西，实现一些愿望，满足一些欲求。于是，他们拼尽全力去追求。可是有一天，当他们得到了那些东西，实现了愿望，满足了欲求，却发现自己并不幸福。比如，有些人认为去澳洲旅游就会幸福，可是去了之后，发现那里没有幸福；有些人认为，考上

大学就会幸福，可是上了大学之后，迷茫才真正开始；有些人认为升官发财就会幸福，可是升官发财之后，又有新的烦恼……

还有一些人认为，有了爱情就会幸福，可是恋爱之后，他们患得患失，生怕失去爱情，想把爱情抓在手里，结果往往让爱变了味，让幸福变得不那么纯粹，变得不那么真实，变得不那么动人。

红玉和男友厮守了 8 年，最终走入了婚姻。但说起这 8 年的恋爱，红玉有些后怕地说："当年我想抓住爱情，却发现爱情就像流沙，抓得越紧，失去越多……"这到底怎么回事呢？事情是这样的：

在男友读博期间，红玉为了给他赚生活费，不惜在工作之外做兼职。博士毕业后，男友在职场上发展得很顺利，工作两年后就成了企业的副总裁。职位高了，他的志气越来越高，他开始沉醉于自己的成功中。

可是，在他们相恋第 7 年时，红玉发现男友有了明显的变化：回来得越来越晚，和他交谈越来越少，出差越来越多，家里的气氛越来越沉闷。起初，红玉认为可能是男友工作压力大造成的，因此，她使出浑身解数逗他开心，但是男友总是心不在焉地笑。

男友越是心不在焉，红玉越是不安。为了消除内心的忐忑，红玉每天想尽办法找男友谈心，问他为什么不开心，问他工作上是否顺利……可是红玉谈得越多，男友越不想讲话，他认为红玉在无事生非，一点也不体恤他白天上班的辛苦。这下红玉忍受不了了，她迫切地追问男友："你是不是不爱我了？你是不是外面有女人了？你为什么不和我说话呢？"

红玉的追问让男友非常反感，他冷冷地反问红玉："我们有车有房，我又没变心，一切不都挺好的吗？我总不能每天都像热恋时那样，天天哄你开心吧？"人们常说女人在恋爱中的智商为零，红玉就是这样，她见男友那样说，顿时慌了神，转而开始恳求男友："求求你不要离开我，我什么都给了你，我爱你，我希望和你结婚。"

面对红玉情绪的起伏不定和心态的极端变化，男友总是显得心烦意乱。失去理智的红玉真的怀疑男友是否变心，她开始跟踪男友，偷偷查看男友的手机，开始频繁打电话给男友，询问他在干什么……这一切，把男友逼到了分手的悬崖边上，最后男友一气之下，干脆和红玉打起了冷战。两人持续了两个月的冷战之后，才在双方父母和朋友的劝说下重归于好，携手走进了婚姻。

幸福就像抓在手里的沙子，越想使劲抓住，流失得越快。其实，爱情何曾不是这样呢？两个人之间的感情，本来要两人来好好维护才能长久，如果一方想抓住对方，想拴住对方，反而会给彼此造成伤害。到最后，落得个劳燕分飞。回头想一想，真的不值得。

其实，很多时候并不是对方变了，而是自己的心态变了。因为想得到爱情，想抓住对方，我们就会对对方产生过多的期望，一旦对方的表现没有达到我们的期望，我们就会去强求，结果强求来的却是一种伤害。

幸福一直都在，它们从来都不必刻意去追求，只要你用一颗淡定的心去感觉，你就会发现幸福就像入口的草莓冰激凌，只要你用舌头去舔，它就会慢慢地在嘴里化开，经过舌根流入你的身体。幸福从你出生开始，就从未离开过你，只是当你贪婪地追求，盲目地索取时，它才会远远地离开你。所以，请放轻松，用简单、淡定的心去生活，幸福就会永远与你相随。

2. 随遇而安的心灵，到哪里都是幸福

树，无论生长在一望无际的平原，还是生长在怪石嶙峋的高山，都一样挺立着枝干；狗，无论躺在主人的怀抱受宠，还是蜷缩在院子的角落看家，都一样快乐地摇着尾巴；鹰，无论是在内蒙古的草原上，还是在西伯利亚寒冷的戈壁，都一样高傲地飞翔着。动植物有一颗随遇而安的心，到哪儿都能适应，都能顺利生活，人如果有随遇而安的心，到哪儿都会幸福。

随遇而安不是安于现状，更不是没有追求、不思进取，而是在无法改变环境的情况下，安详地顺从，从容地接受，并且从不利的环境中寻找新的出路，求得快乐和宁静。随遇而安是一种处变不惊、平和豁达的心态，是一种理智的心理调节方式，更是一种超然于尘世的胸怀。人生在世，当我们

学会了随遇而安，懂得一切随缘，那么生活就能洒脱自在。

有一次，王先生乘客车从台中回台北。客车中途忽然抛锚，当时正值炎炎夏日，午后的天气异常闷热，车上的乘客都很着急，很多人站在烈日下抱怨。王先生一看情形，知道着急也没用，因为车子修不好，大家都走不了，与其在一旁干等，不如到周围去转一转。他问司机大概要多久才能把车修好，司机说大概要三个小时，于是他独步到附近的海滨游泳去了。

海滨风景宜人，海水清凉无比，王先生在海水中畅游一番之后暑气全消。等他回来，车子刚刚修好，于是班车趁着黄昏晚风，向台北行驶。后来，他逢人便说："那是我一生中最愉快的一次旅行，虽然回台北晚了一点，但是我在游泳中获得了身心的愉悦。"

面对不如意的外界环境，王先生能够用随遇而安的心去对待，在知足中收获一份好心情，在淡定中收获一次快乐的人生旅行。这种心态值得我们每个人去学习。

生活中，很多人面对不好的事情时，往往会选择抱怨，可是这样只能徒增烦恼。真正的智者懂得因势利导，从不好的事情中看到好的一面，从不利的环境中寻找有利的一面，去适应客观现实，去发掘快乐。

在漫漫人生长路上，我们会遇到很多种境遇，这需要我们有随遇而安的心态。当经济贫穷时，我们不能让心灵贫穷；当经济富足时，我们要记住生活的来之不易；在经历苦难时，要告诉自己苦难是人生的一笔财富；在收获幸福时，要学会用心珍惜。这种不为外部环境所干扰的心境，是一种难得的随遇而安，是一种可贵的从容淡定。有了这种心境，不管过什么样的生活，我们都会有好心情，都会懂得享受，都会自得其乐。

有位成功人士曾说："人生不必追求什么，做人先要历练自己的心态，使自己沉淀下来，随遇而安，随缘而立，这样，相信每个人都会为自己累积出一个饱满幸福的人生。"随遇而安所表达的是尽力而为，但是不刻意而为，因为生活中的很多东西，不是你想得到就能得到的，也不是你想改变就可以改变的，更不是你不想接受就能不接受的。真正聪明的人，不会从外界强求幸福，而是懂得顺应无法改变的现实，从而获得一份安心和淡然。

如果我们有随遇而安的心态，凡事想开些，一点点去适应环境，那么生活再苦，我们也能从中感受到幸福的滋味。就像海德格尔说的那样："一贫如洗却可以静静地听着鸟鸣，也是快乐的。"

3. 太忙碌，会错失身边的风景

太阳下山了，当别人陪着老婆、孩子徜徉在微风拂面的杨柳岸边时，你还守候在电脑桌前，盯着满屏的文字和表格吗？晚餐时间到了，当贤惠的妻子将饭菜热了又热时，你还在办公室里无法脱身吗？夜深人静了，当周围邻居家中的灯光陆续熄灭时，你还在伏案工作吗？

你是否问过自己：有多久没有停下来看看路边的花开花谢？

你是否问过自己：有多久没有引吭高歌、自我陶醉？

你是否问过自己：有多久没有走到林间小道，去感受一下大自然的风光？

你是否问过自己：有多久没有聆听细雨落到地上的声音？

你是否问过自己：有多久没有追逐飞来飞去的蝴蝶？

你是否问过自己：有多久没有凝视落日的黄昏？

你是否每天忙忙碌碌、慌慌张张，躺在床上时，脑子里还在思考着明天的种种琐碎？

也许你会这么说："忙，太忙了，哪有时间啊！"因为你太忙碌，你的工作变成了你生活的全部，业绩成了你唯一的目标。为了工作，早上你匆匆出门，晚上你迟迟回家，无暇顾及身边的风景，错失了生活中美好的点滴。

在这个讲究时间和效率的社会，似乎忙碌才能让人感觉充实，却不知，很多时候，忙碌是在穷忙，忙得没有目标，忙得没有成就，忙得内心失落，忙得没有幸福感。其实，生活不只是工作，生活还有很多快乐，我们不应该为了追求一个结果，每天埋头奔波在路上，错过了四季更替的美景。

有个20多岁的年轻人步履匆匆，对路边的景色和过往的路人全然不顾。有个人叫住了他，问道："年轻人，你匆匆忙忙去哪儿啊？"

年轻人头也不回，边走边说："我赶着去上班，赚钱娶老婆！"

转眼20年过去了，年轻人已经是40多岁的中年人，他依然在路上疾行。

又一个人拦住他，问道："伙计，你匆匆忙忙干什么去啊？"

中年人头也不抬，说："我赶时间上班，赚钱养家糊口！"

又过了20年，这个中年人已成为60多岁的老人了，他面容憔悴，老眼昏花，但还在赶路。

一个人拦住他："老大爷，你干什么去啊？过来下盘棋吧！"

"我要捡破烂卖钱，给我孩子补贴家用呢！"

这就是中国人的一辈子，有人说中国人是最累的，年轻的时候，忙着赚钱娶老婆；结婚之后，赚钱养家糊口；然后又忙着赚钱赡养父母；等到他们老去时，还在勤俭持家，恨不得年轻10岁，那样就可以帮孩子赚钱，以补贴家用。很多中国人一辈子都在忙碌，因为太忙碌，错失了身边很多的风景，也忽视了身边的很多快乐。

生活是一门艺术，讲究的是创造与欣赏，它需要我们花些时间和心思，停下脚步去欣赏、去感受，给自己一个喘息的机会，去体验生活中的温情。因此，既然我们已经上路了，何必那么行色匆匆呢？干吗不放慢点脚步，以淡定而宁静的心来欣赏路边的风景，这何尝不是一件乐事呢？

在人生的道路上，我们需要赶路，但赶路的同时，不要忘记身边的风景。记得把脚步放慢点，从容淡定些，宁静悠然些，这才是一种坚定，一种大美。印第安人有句名言："如果我们走得太快，就要停一停等待灵魂跟上来。"因此，千万不要在忙碌中丢失了灵魂，否则，我们将行尸走肉地活着。纵然到头来有所成就，也没有什么意义。

生活不是短跑，不是速度的竞赛，如果你要将其比作一项体育运动，那么用"马拉松"来形容它是最合适不过的。在马拉松比赛中，一开始就拼尽全力地奔跑，毫无疑问可以领先别人一段，但是慢慢地，他就会被心态淡定、步伐从容的选手追上并超越。生活也是这样，需要我们有一颗淡定的心，还要有从容的步伐，不急不躁、不慌不忙、不争不抢，这才是真正的生活。

人生就像一场旅行，重要的不是终点，而是沿途看风景的心情。因此，放慢脚步吧，仔细聆听生命之乐，给自己一点品味生活的时间，在"看庭前花开花落，望天空云卷云舒"中舒缓神经，忘却烦恼，体会快乐。

4. 适时放弃，就会有另一种收获

放弃是一门选择的艺术，是人生的必修课之一。没有智慧的放弃，就没有明智的选择。适时放弃是一种灵性的觉醒，是一种慧根的显现。学会放弃，其实也是另一种美丽的收获。歌德曾经说过这样一句话："生命的全部奥秘，就在

于为了生存而放弃无谓的生存。”因此，与其让自己苦苦挣扎，长久纠结，不如潇洒地挥手，勇敢地放弃。

在《做最好的自己》一书中，李开复谈到过自己人生中的两次重要的放弃。

第一次放弃是在大学的时候，由于李开复的父亲是研究政治的，对他产生了很大的影响，他认为应该子承父业。从小他就想当一名律师，因此，大学时他选读了人文学院。可是当他接触法律、政治时，发现自己一点都不感兴趣。于是他放弃了原来的专业，改学计算机科学。尽管为此他多花了一年的时间补学计算机科学，但他庆幸的是自己没有在一个不喜欢的领域浪费一生。

第二次放弃是在李开复拿到博士学位之后，当时他的恩师挽留他在卡内基·梅隆大学教书，他觉得这是一份不错的工作，因为他崇拜自己的老师，这样可以追随老师的足迹。但与此同时，他觉得如果只是当老师，对社会的直接贡献就很小，他想从事一项有益于社会的工作。比如，研发一种能广泛被应用的技术产品，帮学生们开发潜力。就在他迷茫之际，苹果公司给他提供了一个施展才华的舞台，于是他放弃了留校教书的工作，从此开始了自己辉煌的一生。

人的一生，有很多东西需要放弃，放弃不是失去，而是另一种美丽的收获。李开复放弃了当律师的理想，却收获了计算机科学方面的专业知识；放弃了留校当老师，却收获了苹果公司提供的展示才华的机会。可见，放弃是为了更好地拥有。

美国有个著名的女芭蕾明星，她在接受记者采访的时候，表示她最爱吃的食物是冰激凌圣代，记者大吃一惊道：“天啊，这里面可是含有很多热量啊，舞蹈家吃这种东西，会疯狂长胖的，你怎么能吃呢?”没想到，这个女芭蕾明星笑着说：“可是我已经至少有15年没有尝过这种东西美妙的滋味了!”

如果你想拥有曼妙的身材，就必须为此舍弃甜美的冰激凌。你可以将此视为一种交换，换言之，没有任何东西是不需要付出代价却能得到的。放弃就是这个道理，放弃是为了更好地获得。

法国文学家罗曼·罗兰说过：“放弃，并不意味着失去，因为只有放弃才会有另一种获得。”在人生的十字路口，学会选择，懂得放弃，这是一门高深的学问。放弃了林间小道，你收获的是康庄大道；放弃了曲线攀登，你收获的是直线上升。学会选择，懂得适时放弃，才能拥有一份成熟，一份理智，才能活得更加洒脱和轻松。

人们常说，不能改变事实，那就改变心情；不能改变别人，就改变自己。主动改变自己，其实是放弃与外界和他人无谓的挣扎和纠结，得到的是一种洒脱和自在。当你为自己的牺牲而感叹、抱怨或者愤怒时，你应该明白，你已经拥有了另一方面的东西。这个道理就像芭蕾舞蹈家放弃了冰激凌，却拥有了好身材一样。所以，你根本不用为某些方面的放弃而伤心，相反，你应该为自己的明智放弃感到高兴，因为放弃给你换来了更好的收获。

5. 放下包袱才能走得更远

人生就是一场跋涉，只有不断为自己减负，才不至于被生活所累。就像在爬山一样，如果想轻松攀登，从容赏景，就不应该背负太多的包袱，否则，不但越爬越累，还会因为身体上的疲惫，导致你无暇顾及沿途美丽的风景。

印度著名诗人泰戈尔曾经说过："当鸟翼系上了黄金，鸟儿就飞不远了。"一个人，无论是身体上，还是思想上，如果背负了太多的包袱，就会变得沉重。慢慢地，他就会减缓自己前行的脚步，降低自己飞行的高度，最后甚至会累得走不动、"飞"不起来。只有放下包袱才能爬得更高，才能走得更远。放下包袱，是一种洒脱，是一种智慧。

一个年轻人背着大大的行囊，不远千里去拜访一位德高望重的哲人。见到哲人后，他开始大吐苦水："先生，你不知道啊，这些年来，我活得有多么孤独、痛苦和寂寞，我为了追求幸福和快乐，不远千里找到您，就是为了得到您的点拨。你看，我的鞋子破了，双脚磨出了水泡，路上我还跌了一跤，把膝盖磕破了，流血不止……"

哲人一边听年轻人诉说，一边打量他，然后淡淡地问："你的行囊里装的是什么东西？"

年轻人说："这个行囊是我一生最重要的东西，里面有我每一次跌倒时的痛苦，有每一次孤独时的烦恼，有每一次失败后的沮丧……有了它，我才能走到您这儿来。”

哲人什么也没说，他把年轻人带到河边，他们坐船过了河。到了对岸，哲人对年轻人说：“请你把船扛在肩上，我们还要继续赶路呢！”

“什么，扛着船赶路？”年轻人很惊讶，“船那么沉，我扛不动啊！”

“是的，年轻人，你无法扛着船赶路。”哲人笑了笑说，“船是用来过河的，但过河之后，我们就要放下船，否则，船就成了我们的包袱。痛苦、孤独、寂寞、灾难、眼泪，虽然可以历练我们的心灵，可以升华我们的生命，但是它们就像过河之后的船一样，如果你舍不得放下，它们就成了你心头的包袱，你就会活得沉重，你的脚步就无法轻盈地前进。所以，放下这些包袱吧，生命不能负重太多，否则你就会被它们所累。”

年轻人接受了哲人的建议，放下了存放心头多年的包袱，顿时，他感觉轻松了很多，这时他才发现：原来生命可以不必那么沉重。

每个人或多或少都背负着行囊赶路，行囊里的有些东西是赶路的必需品，但很多东西是不必要的。这些不必要的东西，若不及时放下，人就会被拖累，甚至会被拖垮。身体上的包袱是负担，心头的包袱是毒瘤。只有放下包袱，保持乐观、积极、恬淡的心态，你才能过得更惬意，走得更轻松、更久远。

生命如舟，每个人都像一条船，如果船上承载太多的诱惑和虚荣，承载太多的功名和利禄，人就会有太多的困惑和迷茫。如果你想航行顺利，就必须舍弃那些不必要的包袱，让自己轻装上路，平安地走完自己的人生航程。

生命如歌，内心不能承载太多的包袱。只有随时清理心灵的负累，放下心中的烦恼，才能心无挂碍，看得开，放得下，才能轻轻松松地工作，平平淡淡地生活，感受平凡生活的每一种幸福。

一个人的幸福并不在于拥有多少财富，也不在于取得怎样的成就，而在于轻轻松松地享受生活。人生是短暂的，就如匆匆的流水，在短暂的人生中，为了金钱和名利让自己活得太累，而忽略了享受生活，到底值不值呢？人生又是漫长的，就如漫漫长夜，在漫漫的人生道路上，舍不得放下包袱，让自己带着沉重的心去前行，到底蠢不蠢呢？

很多时候，使你疲劳的不是远方的高山，而是你鞋里的一粒沙子，是你心中的一缕忧伤。只有倒掉鞋子里的沙子，你才能轻松赶路，只有放下心头的忧伤，你才能快乐生活。

6. 放下手头的工作，给自己的心灵放个假

人生就像攀登一座高山，如果你一直不停地攀登，希望早点登上山顶，而不愿意给自己放个假，那么当你到达顶峰时，也意味着你人生的终结。更有甚者，因为不懂得沿途停下来休息，停下来欣赏风景，导致体力不支，还可能从山上

滚落下来，摔得伤痕累累。如果你一边攀登，一边欣赏风景，尤其是当你累的时候，停下来给身体和心灵放个假，那么你将会体会到异样的风情。

有个人说，不久前他和一位大学同学闲聊时，同学对他说："我准备请一个星期的假，甩开一切，让自己好好放松一下。"他当时愣了一下，心想同学该不会失恋了吧，或是生病了？于是赶忙安慰同学，请同学多保重。没想到，同学淡淡一笑说："难道一定要生病才给自己放假吗？想休息就休息，不要对自己太吝啬了。"同学的话让他不禁陷入深思。

在这个充满竞争的社会，残酷的现实让很多人不得不加快脚步，去追求那些物欲。时间就是金钱，让很多人舍不得偶尔的闲暇，他们宁愿苦一点、累一点，只为赚到更多的钱。可是欲望没有尽头，于是人心浮躁了，迷失了，迷惘了，人们不禁问自己：活着是为了什么？难道仅仅是追求那些物质所需吗？是不是该停下疲惫的双脚，卸下沉重的负累，给原本灵动的心放个假，让它呼吸新鲜的空气呢？

别再埋头于工作了，疲惫的时候，记得给自己的心灵放个假，用心领略一下身边的风景吧。找点时间，找点空闲，让纷飞的欲望重新凝聚成一泓清澈的山泉，给疲惫的头脑找到栖息的角落，让紧绷的心灵获得似水一般灵动的空间。

放下手头的工作，给自己的心灵放个假。你可以在细雨纷飞的日子里，撑一把伞，漫步于雨中；也可以在黑暗的夜里，点一支昏暗的蜡烛，让朦胧的美感弥漫整个房间；还可以静静靠在床头，倾听暴风雨吹打玻璃的声响，然后静静闭上眼睛，让自己的心灵在大雨中徜徉，感受到一股清凉，感受到一股酣畅淋漓。

放下手头的工作，给自己的心灵放个假。你可以找一个阳光灿烂的日子，坐在阳台上，泡上一杯清茶，静静地翻阅一下身边的书，不必刻意去记住什么名言警句，也不必刻意去研究；随便翻翻漫画书，看看名著；也可以走出门，在公园的小径上欣赏绿色的花草，累了就坐下来歇息，用相机随意抓拍几张大自然的笑脸。

放下手头的工作，给自己的心灵放个假。你可以徜徉在那扣人心弦的乐曲中，感受跌宕起伏的旋律，让一颗跃跃欲动的心跟随乐曲轻舞飞扬。你可以幻想白天鹅戏水溅起的水花，也可以幻想自己已经置身于清新的湖光山色，让灵动的音乐驱散心灵的孤单寂寞，驱散往日忙碌带给心灵的疲惫。

放下手头的工作，给自己的心灵放个假。你可以游走山林间，漫步于大自然，看巍然耸立的高山，赏弥漫于林间的雾气，听潺潺的溪水和着晚风流淌。你可以俯瞰山下的车水马龙、市井风尘，远眺绵延起伏的轮廓伸向远方，你可以仰望蓝天，看那彩云追赶若隐若现的清月。

放下手头的工作，给自己的心灵放个假。你可以什么都不做，只是眯着眼睛，享受阳光沐浴。你可以什么都不做，只是躺在床上，来一次深度睡眠，睡到自然醒。你可以什么都不做，只是静静地坐在那里发呆，任思绪飘飞……

给心灵放个假，在平淡的日子里寻找不平淡的滋味，从平常的事情中寻找不寻常的趣味。不要因奔波、跌倒、无助而抱怨，生活不只是打拼，还要有享受，所以，不要只忙于事业，忙于赚钱，忙得不顾生命。人生一世，需要给自己的心灵找到回归的港湾，让自己在疲惫的时候，去那儿停靠。心灵安顿了，平衡了，丰盈了，人生才会快乐，才会美好，才会不留遗憾。

7. 把生活过得简单就是幸福

生活就像一棵树，看起来是一棵树，细看起来是许多的枝，再看时是无数的叶，又看时，是数不胜数的微小细胞。其实，它只是一棵树。用简单的心去看待它，你才不会烦扰，才不会纠结，你才会轻松快乐。

生命是一个有趣的过程，当我们处于童年时，我们享受简单、期盼长大，而当我们老去时，又想回归童年，回归简单。可见，简单才是生命的最高境界，简单才是生活的最终归宿。如果你能用一颗简单的心去对待生活，那么你就是幸福的。

人活一辈子，没有必要把生活搞得复杂，没必要把自己折磨得寝食难安。很多时候，浓墨重彩未必适合欣赏，高深莫测未必就适合品读，也许淡淡的简笔画才是生活的真味，也许通俗易懂的小哲理才是生活的精髓。所以，让生活简单点、单纯点、清新点、朴实点，更显得难能可贵、意境悠远、别有韵味。

有一个农夫每天睡到9点多才起床，起床后也不急着去干活，而是慢慢地享用早餐，还要喝上一点小酒。待吃饱之后，他才扛起锄头，下地干活。他和别人不一样，他不会种很多蔬菜，而是只种一种好卖的蔬菜，尽管他种的菜很好，在菜市场很受欢迎，但他也不扩大种植规模。

农夫每天早早地收工，回到家里和老婆一起做饭，陪孩子玩游戏，吃完饭后，就躺在门口的长椅上，享受惬意的生活。周末，他还会带着孩子到原野上欣赏大自然的风光，到河边抓鱼，或躺在草地上倾听虫鸣鸟叫。

农夫生活得很安逸、很清闲，但别人从来不说他游手好闲，而是羡慕他能把生活看开，大家说他过得很潇洒自在，快乐充实。他自己也是这么想的，妻子和儿子都觉得很幸福，对生活很知足。

一天，一位农学家在田间考察，当时农夫刚收工，躺在田坝上欣赏夕阳。农学家对农夫说："听说你种植蔬菜很有经验，你的菜销量很好是吗？为什么不多种点菜呢？"

农夫说："多种点菜干什么？我现在的菜已经够吃了。"

"种多点菜拿去卖钱呀，挣了钱你就可以盖新房子、买汽车，还可以给老婆买很多漂亮的衣服，给孩子买很多玩具啊！"

农夫又问："有了房子、车子，给老婆买了衣服，给孩子买了玩具，然后呢？"

"然后你就可以无忧无虑地看夕阳啊！"

农夫笑了，说：“我折腾一番，到头来也不过是看夕阳，这和我现在看夕阳有什么差别呢？我为什么不简单一点，享受风轻云淡的生活呢？”

生命就像一个时钟，转了一圈之后，不过是一个轮回。很多人忙碌着追求目标，到头来，不过还是一日吃三餐，晚上睡一张床，等到老去时，才去怀念逝去的美好曾经，后悔没有好好享受过往的岁月。就像农夫说的“折腾一番，到头来也不过是看夕阳”，那为什么不现在看夕阳，而要等到“功成名就”之后的某天才去看夕阳呢？况且，不是每个苦苦追求的人都能功成名就，既然如此，又何必把自己折腾得疲惫不堪呢？

相比之下，淡泊一点，简单一点，不要为了太多的欲望而忙忙碌碌，悠闲地对待工作，静下心来享受生活，这样你会活得更轻松、更快乐，在简单中体味生活的幸福滋味。简单就是幸福，这不意味着放弃对目标的追求，一辈子毫无所求，而是在放慢生活的脚步，在工作之余享受生活，在平平淡淡中寻求充实和快乐。

把生活过得简单是一种美，是一种朴实且散放着灵魂香味的美；把生活过得简单是一种智慧，是一种经历复杂之后的幡然彻悟；把生活过得简单是一种境界，是一种平淡而不失雅致的风景；把生活过得简单是一种幸福，这种幸福就像一首优美的音乐、一支喜爱的歌曲，会让你心境开朗，这种幸福又像一杯清茶，或一杯咖啡，让你品尝到生活的真味。

8. 活在当下就是最大的幸福

前几年，中央电视台有个采访节目，主题是“你幸福吗”。面对这个问题，很多人竟然一脸茫然，不知道怎么回答。难道这个问题很深奥、很难回答吗？那么，幸福到底是什么呢？我们不妨先来看一个充满哲理的故事：

一个年轻人问上帝：“幸福在哪里？请你告诉我，我想去寻找幸福。”

上帝说：“你把眼睛闭上，就会有一个美丽的女子带你去寻找幸福。如果你睁开眼睛，那个美丽的女子就会从你眼前消失。”

年轻人迫不及待地闭上眼睛，果然有一个声音柔美、满身香气的“幻想姑娘”来到他的身边。年轻人紧闭着眼睛，与“幻想姑娘”走上了寻找幸福的路。

有一天，来了一个“现实姑娘”，她对年轻人说：“你睁开眼睛看看我吧，我比幻想姑娘更能给你幸福。”年轻人想了想，却没有睁开眼睛，他说：“上帝说了，如果我睁开眼睛，幻想姑娘就会消失，我就找不到幸福了。”“现实姑娘”只好叹着气离开了。

当年轻人听到“现实姑娘”离开的脚步声时，他突然想看一眼她，于是睁开了眼睛，追向“现实姑娘”离开的方向，然而，他只看到“现实姑娘”的美丽背影。他后悔没有早点睁开眼睛。由于他违背了诺言，“幻想姑娘”也离开了他。

当他痛哭流涕时，他发现“现实姑娘”正在他的身后深情地看着他……

幸福是什么呢？幸福不是闭着眼睛去幻想、去寻找，不是错过之后的遗憾惋惜，而是紧紧抓住现实，珍惜现在的拥有，即活在当下。幸福在哪里呢？幸福就在你身边，它从未离开过你，它一直等待着你牵着它的手，关键就在于你是否能够感受到它的存在。

幸福其实很简单，幸福就是活在当下。在润物细无声的日子里，你是否知足地生活？是否自在、洒脱、没有任何挂碍地活在当下的每一秒？也许一秒钟之前的你在哭泣，但一秒钟之后，那个哭泣的你已经属于过去了，妄想留住过去将是竹篮打水一场空。

如果你不珍惜这一秒，而是幻想下一秒，那也是不切实际的。因为下一秒属于未来，未来也难以预料，那只是一个幻想。幻想就像一个个漂浮于空中的肥皂泡，就像一串串绚丽的氢气球，就像建立在沙滩上的碉堡。转瞬间，就会破灭，就会坍塌。过去的已经死去，未来的还没有降临，真正属于我们的，只有当下的每一分每一秒。所以，如果你想幸福地活着，就好好珍惜这一秒，笑着享受这一秒吧！

人从诞生那一刻开始，除了不可避免地向死亡靠近，他的另一个目标就是享受快乐，感悟幸福。很多人一生都在寻找快乐、寻找幸福，以为幸福就是赚大钱、发大财，以为幸福就是事业有成，以为幸福就是名利双收、有权有势。

其实，幸福不需要去追逐，幸福就在我们心里，幸福就是当下的快乐感觉。当我们静下心来，关照内心时就会发现：那些拼命追逐幸福的人，就如同追逐自己的影子一样可笑。当浮华散尽，尘埃落定时，你就会恍然大悟：幸福，只在一念之间，只在当下，只在过好这一秒。

生命是一场旅行，在乎的不是目的地，而是旅途中看风景的心情，旅行是活在当下的一种生活方式。所以，不要奢望未来，不要忙忙碌碌，别让自己活得太累，活在当下，珍惜眼前所拥有的，才是最大的幸福。

第六章

舍得的真意是懂得珍惜

人生在世，舍一物便得一物，舍弃之后，该做的是珍惜得到的。舍鱼而得熊掌，就应该珍惜熊掌。否则，舍得就变得没有意义。有些人在舍与得之间徘徊，在艰难做出舍弃之后，却又对舍弃之物恋恋不舍，导致没有用心珍惜当下拥有的东西。等到有一天，已拥有的也失去时，他们才如梦初醒、悔恨不已。如果当初多一点珍惜，生活就多了一份美好，因此，我们要领悟舍得的真意——珍惜拥有、珍惜眼前、珍惜身边的风景。

1. 懂得珍惜，生活才会更美满

著名作家卞之琳的《断章》中，有这样一句话："你站在桥上看风景，看风景的人站在楼上看你。"生活中，有些人经常羡慕别人门前的风景，羡慕别人手中的幸福，却不知，也许别人也在羡慕他们。每个人都有自己的幸福，只要懂得珍惜自己所拥有的幸福，人生就会快乐。

一个人快乐与否，不在于拥有多少，而在于学会珍惜。如果你真的觉得自己所拥有的太少，那么就让自己去经历、去追求，在这个过程中，珍惜其中的快乐与痛苦，好好感受生活的美妙。也许有些东西让你觉得厌烦，但当你失去之后，你就知道它的珍贵。就像年少时学习的烦恼，年轻时工作的苦累，当时看起来是痛苦的，但回头想一想，也许正是那些经历装饰了你的人生。

有一个 15 岁的少年，觉得上学痛苦，于是他日思夜盼，希望天使满足他一个愿望——可以不读书，想怎么玩就怎么玩。

有一天，天使降临到他身边，送给了他一个“时间控制器”，天使对他说：“这个时间控制器可以加速你的成长，如果你不想读书，你按一下这个，让自己直接大学毕业，如果你不愿意工作，你按一下，可以让你直接得到金钱……”

少年欣喜若狂，他早就对学习厌烦了，于是按了一下，他就大学毕业了，那时候他已经 22 岁。工作了几天之后，他觉得上班太辛苦，于是按了一下时间控制器，便得到了很多金钱，可以不用上班。想一想自己也该结婚生子了，于是他又按了一下时间控制器，便有了貌美如花的老婆，还有可爱的孩子……

人生短短几十年，怎经得起少年的不断加速，很快他头发花白、牙齿松动的一天就来了。当年那个少年，已经到了暮年，当他回想起自己过往的人生时，才发现自己的人生几乎是一张白纸，没有任何丰富多彩的经历。他醒悟了，后悔当初没有珍惜那些过往的生活和奋斗的过程。

人生在于经历，经历了阴霾的雨天，才懂得阳光灿烂的日子多么可贵；经历了痛苦，才懂得幸福的滋味；经历了失败，才能更懂得享受成功带来的快乐；经历了时光的洗礼，才能懂得人生的真谛。

曾有一位老人在临终前说了一句话，话中满是对逝去岁月的留恋与不舍，他说：“如果我还是个孩子，那该多好啊，那样我就可以再接触一些新鲜事物了；如果我还是个青年，那该多好啊，那样我就可以体验更多的青春悦动。”

的确，没有人可以拥有一切，每个人所拥有的、所能做到的不过是“珍惜”。正如清代文华殿大学士张英所说：“万里长城今犹在，不见当年秦始皇。”尽管有些东西也许可以长存很久，但生命是短暂的，随着生命的消逝，那些存在的东西，也会离自己远去。所以，在生命有限的时间里，学会珍惜比什么都重要。

有些人过得不幸福，并不是他们不希望自己幸福，而是由于欲望太多，总想把所有希望的东西都抓在手里；由于太追求完美，总是觉得自己这儿不好，那儿不好，比如，有些女人希望拥有出色的丈夫、可爱的孩子、理想的工作、受人尊敬的地位、舒适的生活、还有很多休闲假期，等等，殊不知，这也许永远是一个美丽的梦。正因为这样不切实际的梦太多，人才会活在膨胀的欲望里，活在忙碌的追求中，活在挑剔的痛苦中，最后把自己弄得疲惫不堪。

其实上天是公平的，任何人都不可能拥有美好的一切。如果上天给了我们卓越的能力，可能就不会给我们美丽的容颜；如果上天给了我们辉煌的事业，可能就给不了我们休闲的生活。因此，不要去强求，顺其自然，珍惜自己所拥有的，才是最有意义的。

2. 鱼和熊掌不能兼得

自古以来，追求完美、追求圆满就是很多人共同的愿望，就连战国大思想家、大学者孟子也如此，他曾说：“鱼，吾所欲也；熊掌，亦吾所欲也。”他既想要鱼，也想要熊掌，但是在两者不可同时得到的情况下，他选择舍鱼而得熊掌，既“两者不可得兼，舍鱼而取熊掌者也。”

人世间，有些东西可以同时得到，让人获得双丰收甚至“多”丰收，但是在特定的时候，很多东西是难以齐全的，因此孟子才有了“舍生取义”这样的说法，即生命是我所珍爱的，义也是我所珍爱的，在两者无法同时得到的情况下，我宁愿舍弃生命而要义。事实上，很多人和孟子有相同的追求，下面就有一个有趣的例子：

有个男人来到一家婚姻介绍所，当他走进男性征婚通道时，看见面前有两扇小门：一扇门上写着“美丽的女人”；另一扇门上写着“不太美丽的女人”。他推开写着“美丽的女人”那扇门，走了几步，又看到两扇门：一扇门上写着“年轻”，一扇门上写着“不太年轻”。男人不假思索地推开写着“年轻”那扇门，就这样一直走下去，男人前前后后推开了9道门，当他来到最后一道门时，发现门上写着一行字：你想要的对象太过完美，你到天上去找吧！

追求完美是人类的天性，人类正是在这种追求中不断提高自己、不断完善自己，使自身褪去遮羞的树叶，变得越来越文明，越来越进步。然而，完美是极致，是难以企及的高度，甚至可以说是不可能实现的梦。因此，在追求完美的道路上，我们必须学会取舍，用一颗“不强求”的心态接受不完美，这样我们才不会纠结和痛苦。

很多时候，取舍是在同一时间完成的，当你选择了勤奋，那么意味着你放弃了清闲；当你选择了事业，意味着你在爱情和生活上投入的时间和精力减少；当你选择了向左转，走上阳关大道时，就意味着你放弃了右边的羊肠小道。

在人生的道路上，得也是一种“失”，失也是一种“得”，“得”中有“失”，“失”中有“得”，“失”之后，留下“得”，我们要做的就是去珍惜“得”。因此，在得失之间，我们没必要犹豫徘徊，没必要痛苦挣扎，以一颗平常心去对待，我们才会活得轻松愉快。

选择的同时伴随着放弃，就像同一时间，我们只能看到树叶的一面，正面或反面，这取决于你的选择。就像同一时间，我们只能踏上一条船，漂浮不定的扁舟或豪华游轮，这也取决于你的选择；就像同一时间，我们只能骑上一匹马，骑上这匹，就要放弃那匹。在选择与放弃的时候，我们要理智地权衡轻重，得其所重，失其所轻，只有认清了这一点，才不至于脚踩两只船，最后翻船，才不至于同骑两匹马，最后摔下马。

从前有个爱财如命的富翁，有一次他乘船过江，快到岸时小船却被风浪打翻了。富翁和其他乘客都落入水中，其他乘客纷纷扔下身上的负重，拼命地向岸边游去，只有富翁在水中苦苦挣扎，因为他身上带了很多金币，但是不舍得扔掉。结果，他因体力透支淹死了。

金钱与生命，孰轻孰重，这个道理很浅显，但嗜钱如命的富翁却想二者兼得，结果二者皆失。这就是不懂得取舍，不懂得放弃导致的苦果。

碰到强敌时，章鱼懂得舍弃自己的内脏，以保全自己的性命；遇上天敌时，蜥蜴懂得舍弃自己的尾巴，死里逃生。动物世界的弱肉强食和适者生存的道理告诉我们，舍弃是一种智慧。

舍得是对人生真谛的一种伟大诠释，明白了舍得，才能真正读懂人生。在特定的情形下，审时度势地取舍，理智清醒地做出选择，才能卸下人生的种种包袱，才能为生命迎来新的转机。经历正确的取舍，才能度过风风雨雨，才能拥有一份成熟，才能活得更加充实、坦然和轻松。

3. 把每一天当作生命的最后一天来过

“燕子去了，有再来的时候；杨柳枯了，有再青的时候；桃花谢了，有再开的时候。但是，聪明的你，告诉我，我们的日子为什么一去不复返呢？”这是著名作家朱自清在文章《匆匆》中对时光流逝的感叹。正如孔老夫子所言：“逝者如斯夫，不舍昼夜！”时光就像永不停滞的流水，谁也无法阻挡它的去留，唯一的办法就是珍惜当下，把每一个今天当作生命的最后一天来过。

也许有些人觉得“把每一天当作生命最后一天来过”有些夸张，因为生命再怎么短暂，也不会只剩今天，还有明天，还有很多个明天。他们崇尚作家海子的生活态度——从明天起，做一个幸福的人。殊不知，明天即使来了，也变成了“今天”，人永远只能活在真实的今天，也永远只能活在对虚幻明天的期盼中。

17 世纪法国科学家兼思想家巴斯葛，在《沉思者》中写道："我们向来不曾把握现在；不是沉湎于过去，就是殷盼着未来；不是拼命设法抓住已经如风的往事，就是觉得时光的脚步太慢，拼命设法使未来早点到临。我们实在太傻，竟然流连于并不属于我们的时光，而忽视唯一真正属于我们的此刻。"

生活中，有些人总喜欢抱怨各种不如意，可是他们不知道，与那些即将结束生命的人相比，活着就是一种幸福。假设一下，如果生命只有三天时间或更短，我们是否会珍惜这有限的时光，做自己想做的事情，好好享受生活呢？

在安吉丽亚·朱莉出演的一部电影中，有个电视女主持人碰到了一个预言家。预言家对她说："下个星期四，你将死去。"顿时，女主持的生活一下被打乱了。她真的希望那个预言家是在胡言乱语，可是他预言了很多事情，比如球赛结果、天气状况、地震灾难等，都一一应验了。这不得不让女主持相信那位预言家的话，于是，她开始认真思考死亡之前的几天该怎样度过，为此她制订了一个详细的计划……影片的最后，有这样一段结束语：每个人都应该把生命当成最后一天来度过。

很多人在两万多天的生命里，早已对生活失去了兴奋的感觉，他们的心是麻木的，每天重复着昨天的事情，觉得生活枯燥无味，没有任何新鲜感。也许只有当某一天，他们得知生命仅存几天时，才会突然迸发生活的热情，才能感受到生命的可贵。

曾看到一篇文章中，有这样一个故事：上帝对一个已死的人说："我给你放三天假，让你重回人间，感受生活的美好。"那个人回到人间，感觉阳光格外明媚，花儿格外芳香，周围的每个人都格外可爱。在这三天里，他的心时刻处于激动状态，他对每件事都有强烈的兴趣，都能从中感受到快乐。毫无疑问，在这三天时间里，他对生命的感觉比一般人强烈得多，他的生命"浓度"比一般人也大得多。

然而，上帝的故事总是那么虚幻，人死之后，上帝真的会给我们放三天假吗？如果真的给我们放三天假，那又有什么意义呢？为何不在生命跃动的每个今天，好好珍惜所拥有的生活呢？很多事情没有后悔药，不要等到失去时，才捶胸顿足，痛斥当初没有好好珍惜，而要在拥有的时候，认真地去享受生命、去爱生命中所爱的人，这样即使明天是世界末日，我们也不会带着遗憾离去。

美国著名作家海伦·凯勒曾经说过："一个人把每一天都当作最后一天来过，生命才会显得富有意义。"因为生命太短暂，而且充满了变数。只有把每一天都当作最后一天来过，时刻提醒自己"让生命过得充实而有意义"，生命之光才会闪耀在每一天，闪耀在每一个瞬间。

4. 在还没有失去时，将幸福紧紧握在手中

人生浓浓淡淡，日子忽晴忽暗，每个人都在追求自己想要的东西。当我们拥有的时候，往往不懂得去珍惜，认为自

己所拥有的一切都是理所当然的，可是等到有一天失去时，才忽然明白它的可贵。然而，当幸福被彻悟时，总是太晚而不堪温习。所以，趁一切还未失去时，请将其紧握在手里，好好珍惜，用心对待。

一家医院的五官科病房里，住着陈先生和赵先生两位病人，他们都因鼻子不舒服来检查。在等待化验结果期间，他们闲聊起来。陈先生说："如果我患的是鼻癌，我就立即去旅行，首先去拉萨。因为我一直想去那里，得癌症了还不去，一辈子就没机会了。"赵先生对陈先生的话表示认同，他也说出了自己的愿望，无非就是好好享受生活，不再那么劳累。

不久后，化验结果出来了，陈先生得的是鼻癌，赵先生长的是鼻息肉。

陈先生马上列了一张告别人生的计划表，然后离开了医院，赵先生在医院住院治疗。陈先生的计划是：

（1）去往敦煌和拉萨；

（2）从攀枝花坐船顺江而下，一直到长江口，一路上观赏沿江两岸的风景；

（3）去往海南的三亚，以椰子树为背景给自己拍一张照片；

（4）到哈尔滨过一个冬天；

（5）从大连坐船到广西的北海；

（6）去北京，登上天安门城楼；

（7）读完莎士比亚的所有作品；

（8）力争听一次瞎子阿炳原版的《二泉映月》；

（9）写一本书；

……

凡此种种，一共 27 项。在这个计划表的后面，陈先生写了这样一段话："我的一生有很多梦想，有的实现了，有的因为很多原因没有实现，上帝给我的时间不多了，趁我还活着，我想用生命最后的几年时间去实现剩下的 27 个愿望，这样我才能不留遗憾地离开这个世界。"

陈先生辞去了工作，去了敦煌和拉萨，然后从攀枝花乘船沿江而下……三年之后，陈先生的愿望全部实现完了，他的书也出版了。

有一天，赵先生在书店看到陈先生的书时，感到惊喜又意外，他打电话给陈先生询问病情，陈先生说："我真的无法想象，如果我没有得这场病，我的生命会有多么糟糕。正是它提醒了我，要趁活着的时候去做自己想做的事，去实现自己想实现的愿望。现在体会到了什么是真正的生活，如果现在让我死去，我一点遗憾都没有。你生活得也挺好吧？"

然而，赵先生因为只是长了鼻息肉，出院之后，他把当时在医院说的未曾实现的愿望抛之脑后。回到生活中，他一如既往地和以前那样生活，那些未曾实现的愿望依然是一个个梦。

很多人往往会这样：在拥有健康的时候，不珍惜健康，当发现自己即将失去健康时，又开始提心吊胆地渴盼健康，并信誓旦旦地说："如果我还能活着，我一定好好珍惜生活，再也不像以前那样生活。"可恨的是，在健康失而复得之后，他们又变回了原形，以前怎么生活，现在还那样生活，或忙忙碌碌，或抱怨连连，或继续堕落，总之，他们不去珍惜，或者说，珍惜了一段时间，就不再珍惜了。

为什么在还未失去之前，不将幸福紧紧握在手里，不珍惜健康的身体，不珍惜平淡的生活，不珍惜幸福的家庭，不珍惜宝贵的时光，等到失去时才深深地悔恨？其实，每个人都患有一种癌症——不可抗拒的死亡。我们之所以不能像患鼻癌的陈先生那样，列出一张生命的清单，抛开一切无关紧要的东西去实现愿望，去做自己想做的事情，是因为我们认为我们还会活很久，是因为我们觉得自己今后还有机会。然而，正是因为有这样的侥幸心理，我们才会把梦想埋葬，直到有一天带入坟墓。

当春风吹过时，我们没有好好珍惜，等到夏天到来时，我们才发现原来春风是多么可贵；当烈日炎炎到来时，我们没有好好珍惜，等到冬天到来时，我们才知道原来温暖是多么可贵。只不过，今天错失了春天的清风、夏天的烈日、秋天的金色、冬天的雪花，来年还有机会珍惜和欣赏，可是生命中，有些幸福一旦失去，就会彻底失去。因此，在还没有失去之前，请将幸福紧紧握在手里。

5. 人生看透不看破，以出世之心做入世之事

所谓入世，就是把现实中的恩怨、成败、得失、对错、情欲等作为做人做事的准则。如果一个人入世太深，就很容易把利益看得过重，就会被欲望所累，从而陷入烦琐的生活

细枝末节中，难以超脱尘世，冷静地看问题，这样就很难有大作为。因此，人需要有出世的精神。

什么是出世呢？所谓出世，是指尊重生命，尊重客观规律，对待目标和追求，既要全力以赴，又要顺其自然，以平和的心态对待人，用不苛求完美的心态处事。这样才能站得高、看得远，从而看透人生，看淡名利和欲望，排除私心杂念。以这种出世之心做入世之事，往往能取得事半功倍的效果，而且人也会在做事的过程中身心愉悦。

在现实生活中，每个人都是在入世，都是在为一些欲望忙忙碌碌。当然，这是凡夫俗子无法逃脱的命运，也是生活的自然规律。但是欲念太多往往会束缚人的手脚，让人变得患得患失，如此一来，琐碎的生活、人生的坎坷就会使人的心变得很累很累。在这种情况下，无论人生景色多美，无论生活多么光鲜，一颗疲惫的心也难以感受到其中的美好。

既然“入世之心”让人身心疲惫，怎样才能活得轻松快乐呢？著名作家雪漠告诉了我们答案——以出世之心做入世之事，看淡名利，放下欲望，让生活在轻松自如中度过，让生命在顺其自然中伸展。

雪漠说，很多人从小就背负着父辈给他们的负担。父亲没有当官，就对孩子说：“儿子啊，你长大了要当个大官。”父亲没有成为比尔·盖茨，就对孩子说：“儿子啊，你长大了要成为亿万富翁。”孩子从小就承载着重担，从小就被过度的欲望支配着。

然而，雪漠不但自己看淡名利，而且也不给孩子强加压力。他的儿子上小学时，不想做家庭作业，想自己读书，他就给老师打电话，让老师不要给他儿子布置家庭作业；他的儿子上初中时，说学校作业太多，导致他没时间读自己喜欢读的书，于是他给老师打了个电话，告诉老师不要让他儿子做作业；儿子上高中时，学校要求上晚自习到很晚，儿子说不想上晚自习……再后来，他的儿子考上了大学，却说不想上大学，而是想当作家，于是雪漠再次尊重了他的决定。

还有，儿子在初中时，雪漠得知儿子给一个女孩写情书，说要带女孩去日本的富士山看樱花。于是，他赞扬儿子有雄心壮志，但也提醒儿子先要把自己的肚子填饱，才能养活自己的“老婆”。那时，儿子说，一定能填饱肚子。今天，他做到了。

如今，雪漠的儿子非常优秀，他可以给很多大学生讲课，他还在西部办过一个文学院，教很多孩子学习写作。如果他继续开下去，可以赚很多钱，但是他没有这样做，他说他想把生命的价值发挥更大。对此，雪漠依然支持儿子。他说，只要儿子做喜欢做的事情，有高尚的人格，能给世界带来真善美，他都支持。

只要一个人怀有一颗出世之心，无论他向哪里飞翔，都值得赞美。出世之心可以将心中的欲火熄灭，可以将心中的贪痴消磨，可以让大慈大悲的源流不息，可以让救苦救难的茂树长存。当一个人舍去了贪、痴，心怀仁慈和爱，他的心灵就能超脱豁达，就能做到在万丈红尘中心中不念一缕，从而领悟到无欲则刚的生活大境界。

有人说，入世就像一个池塘，我们要从这个池塘中汲取营养。出世是出淤泥而不染的莲花，出世不是说拔掉这个莲花，然后拿着莲花招摇过市，赚取别人的喝彩声，而是让这个莲花在池塘里好好活着，既不高调张扬，又不自惭自怜，既不与百花争宠，又不与池塘中的鱼儿争斗，而是做一朵淡淡的荷花，散发着淡淡的芬芳，看淡滚滚红尘，看透人生悲苦，诠释生命的高贵。

6. 看开点儿，人生没有过不去的坎

人生在世，不可能一帆风顺，沟沟坎坎是难免的，也许是一次刻骨铭心的感情伤痛，也许是一次不堪回首的事业失败，也许是一次悲惨的财产被骗，但无论遇到什么样的“坎”，我们都应该坚强面对，试着想开点，人生没有过不去的坎。因为再深的伤痛，伤口也有痊愈的一天，摔得再惨，只要生命还在，早晚也能爬起来。

26 岁时，一个女人正赶上日本侵略中国，面对日军野蛮的大扫荡，她和丈夫只好带着三个孩子东躲西藏。很多村民受不了这种惶恐不安的日子，于是想到了自尽，但是她总是劝他们:“别这样啊，没有过不去的坎，日本鬼子猖狂不了多久。”

后来，日本鬼子被赶出了中国，可是她的儿子却在炮火连天、缺医少药、极度缺乏营养的情况下夭折了。丈夫难过地躺在床上，两天两夜不吃不喝，她流着眼泪劝丈夫：“虽然咱们的命苦，但是再苦也得过啊，没有儿子，我们再生一

个，人生没有过不去的坎。”

后来他们又生了一个儿子，不久后，丈夫因患水肿病离开了人世。面对这么沉重的打击，她用了很长时间才缓过神来，她对三个未成年的孩子说：“娘还在呢，有娘在，你们什么都别怕，没有过不去的坎。”

她一个女人，又当妈又当爹，含辛茹苦地养大三个孩子，生活慢慢有了起色。后来两个女儿出嫁了，儿子也结婚了。她感到非常知足，逢人就说：“我说吧，没有过不去的坎，现在的生活比以前好多了。”虽然她年纪大了，不能下地干活，但是她每天照样闲不住，就在家里纳鞋底、做衣服，缝缝补补，洗洗涮涮。

后来，她在照看孙子时不小心摔断了腿，由于年纪太大，做手术风险性较大，她只好每天躺在床上，女儿见她那么可怜，都忍不住哭了，她却笑着说：“哭什么，我还活着呢！”虽然下不了床，但她从没有半句怨言，而是坐在炕上做针线活、织围巾、绣花。

86 岁那年，她去世了。在临终前，她对儿女们说：“都要好好过啊，没有过不去的坎。”

即便人生一次次遭受重创，她也不自暴自弃，也不抱怨上苍不公平，她深信人生没有过不去的坎。我们也应该有这样的乐观心态和坚强意志，面对艰难挫折时，要告诉自己：人的承受能力其实远远超出我们的想象，不经历“坎”的磨炼，我们永远不知道自己的生命力有多强，永远不知道我们的潜力有多大。

人生原本是一张白纸，经历越多，白纸上的色彩就会越丰富。不同的是，消极悲观者总是在白纸上添上暗淡的笔画，而积极乐观者总是在白纸上描绘亮丽的色彩。前者得到的是灰暗的生活，后者得到的是阳光的人生。你想追求阳光的人生吗？那就应该保持一种乐观的心态，将人生的挫折看成是一种体验、一种磨炼，在跨越人生的沟坎时，不断强大自己的内心，不断增强生命的张力。

人生总是充满起伏和变化，挫折与失败是不可避免的，只有保持一颗乐观的心态，才可以增强自己的信心，找到迎难而上的力量。面对生活中的挫折时，乐观的心态是一根精神支柱，如果你不能乐观地生活，顽强地面对困境，你悲观给谁看？因为上帝不会因为你的长吁短叹、忧心忡忡而怜悯你，唯有坚强乐观，才能自我拯救。

无论生活多么糟糕，我们都应该用一颗乐观的心去坦然面对，凡事想开点，人生没有过不去的坎，只有过不去的人。中国著名的社会活动家赵朴初在《宽心谣》中说："日出东海落西天，愁也一天，喜也一天。"乐观的心态是一盏指路的明灯，带我们穿过漫长冰冷的低谷；乐观的心态是一叶涨满风的轻帆，带我们轻盈地飞渡人生的彼岸。

7. 珍惜眼前的人，不要等到失去时才追悔莫及

在电影《大话西游中》，有这样一段经典台词："曾经有一份真挚的爱情摆在我面前，我没有珍惜，等到失去时才后

悔莫及。人世间最痛苦的事莫过于此。如果上天能再给我一次重来的机会，我会对那个女孩说三个字：我爱你。如果非要在这份爱上加上一个期限，我希望是一万年！”这段精彩的台词表达了人在失去爱情，失去爱人之后，追悔莫及的内心感受。

然而，人生没有“如果”，很多东西失去了就没有机会再次拥有。印第安有这样一句古老的谚语：“你可以错过一个美丽的黄昏，但你不要错过一个爱你的人。”因为一旦错过就可能是一辈子。

小青的老公比她大 6 岁，是当地一家事业单位的领导。身边的很多人都羡慕小青，因为他有一个做事沉稳、小有成就的老公，又有一个可爱懂事的孩子，还有富裕的生活。然而，如此幸福的生活持续不到 5 年，小青就发现老公有一些奇怪的变化，他经常在家里魂不守舍，小青跟他说话，他也不愿搭理，总是一个人坐在那里发呆。

后来，小青无意间翻看了老公的手机，发现他和一个名叫小慧的女人有不正常的关系。当小青提起这件事时，老公没有做任何辩解，而是一五一十地说明了事情的来龙去脉。原来，小慧是一家夜总会的领班，才 23 岁，长得漂亮，穿着打扮性感，老公在一次喝醉酒后和小慧发生了关系，从那以后，两人就隔三岔五地约会。

小青非常生气，提出了离婚。老公心里有愧，虽然做了挽留，但最后还是答应了小青。离婚之后，小青带着儿子独自生活，老公几乎是净身出户。离婚后，小青找到了一个珍惜自己、接纳自己孩子的男人，重新过上了幸福的日子。

而小青的老公却发现小慧在与他交往的同时，还和另外几个男人交往，男人对她来说就像是发泄欲望的工具和谋取钱财的途径。为此，他悔恨不已，多次找小青要求复婚，但是这一切都不可能重来……

人在拥有的时候，往往不知道珍惜，感觉不到眼前的人有多好。等到失去时，才悔不当初。为什么明白“懂得珍惜”的道理，一定要付出惨重的代价？为什么在拥有的时候，不去用心珍惜呢？

世上没有后悔药，不要等到失去之后才懂得珍惜。人生苦短，经不起离离弃弃的折腾。有追求是好的，但不要过分追求完美，因为这个世界原本就不完美。如果你忽视眼前的人，一味地去追求更好的，那么有一天，当你没有追求到更好的目标、再回来时，曾经深爱你的人早已穿上了别人精心准备的嫁衣。

柏拉图曾问他的老师苏格拉底什么是爱情，苏格拉底让他从麦田的这头走到那头，摘一棵他认为最大的麦穗，但是只能摘一次，并且不能回头。柏拉图按照苏格拉底的交代去了麦田，但回来时并没有摘下麦穗。

苏格拉底问柏拉图原因，柏拉图说：“当我看见一棵大麦穗时，我想着前面会有更好的，所以我没摘。可是走到尽头时，我发现我已经错过了最大的麦穗，但由于我不能回头去摘，所以，我什么都没摘。”

听完，苏格拉底对柏拉图说：“这就是爱情。”

后来柏拉图问苏格拉底什么是婚姻，苏格拉底叫他去树林砍一棵最好看的松树回来做圣诞树，规则和上次一样。苏格拉底有了上次的教训，因此，很快就砍回来一颗普通的松树。

苏格拉底问柏拉图为什么不砍最大的松树，柏拉图说："有了上次的经验，我害怕两手空空，所以，砍了一棵差不多的松树回来。"

苏格拉底笑着说："这就是婚姻。"

不论是爱情，还是婚姻，很多人都期盼更好的，但是有了一次因不懂珍惜而失去的教训之后，人就学乖了。其实，人生中很多事情都是如此，在拥有的时候不去珍惜，在失去的时候又后悔。因此，不要再抱怨生活不完美了，舍弃那些不切实际的欲望吧！用心珍惜当下拥有的幸福，生活才会变得更加美好。

一辈子的爱人，也许给不了你山盟海誓，也许给不了你轰轰烈烈的爱，但是当所有人都远离你的时候，只有他默默陪伴着你；当所有人都批评你的时候，只有他默默支持你。所以，不要因生活平淡而抱怨，也不要因爱人不解风情而郁闷，因为时间会证明，越是平凡的陪伴才会越长久，平平淡淡的爱更需要用心珍惜。

其实，除了爱情，亲情、友情也需要我们去珍惜，人生最大的可悲莫过于"树欲静而风不止，子欲养而亲不待"，为了避免这样的悲剧发生在我们身上，请对身边的人多一分珍惜，多一分善待。生活会因为你越懂得珍惜，变得越发幸福美好。

8. 珍惜眼前的风景，不让美丽稍纵即逝

人生的每个今天都是生命旅途中的一段风景，如果你有心去欣赏，就能发现其中的美。生命的意义不在于去终点欣赏风景，而在于在沿途欣赏风景。即便是在最困难的时候，如果能换一个角度想，换一种心情看，一样可以看到独特的风景。因此，不要迷恋远方的风景，而要珍惜眼前的风景，做一个懂得欣赏生活、懂得欣赏风景的人。

著名的哲学大师苏格拉底和好朋友拉克苏相约去远方游览一座大山。据说那座山的风景如画，游览过那座山的人会产生一种飘飘欲仙的感觉。许多年以后，苏格拉底和拉克苏相遇了，他们发现那座山太遥远了，也许走一辈子都达到不了那个令人神往的地方。

拉克苏十分沮丧地说："我用尽力气奔跑，还是没有到达那座山，真的太叫人伤心了。"

苏格拉底一边弹衣服上的尘土，一边笑着说："这一路上有很多美妙的风景，难道你没有注意到吗？"

拉克苏满脸尴尬地说："我只顾朝那座大山奔跑，哪有心思欣赏沿途的风景啊！"

"那真是太遗憾了。"苏格拉底说，"当我们追求一个遥远的目标时，切莫忘记旅途处处有美景。"

遥远的风景总是那么神秘，那么令人神往，让人忍不住

去追寻，于是生命因追寻有了意义、有了绚丽的色泽。在追寻的过程中，很多人只重视遥远的风景，却忽略了沿途的风景。然而，遥远的风景是那么遥远，纵然你苦苦追寻，也不一定有结果，如果那样，人生到头来是否可能一场空？就像拉克苏那样，既无法欣赏到远方的风景，又错失了无数个眼前的风景。

很多人就像拉克苏那样，有一种奇怪的心理：他们放着眼前的风景不欣赏，一辈子寻寻觅觅。即使眼前的风景近在咫尺，他们却常常与之擦肩而过，到头来，惋惜自己的过错。所以，不要幻想前方的山，否则，你会失去眼前的河。如果你刚刚错失了眼前的河，也无须回头留恋，否则你将错过眼前的树。

人生是一次不能回头的旅行，在这只能前进、不能回头的旅途中，我们应该把握宝贵的似水流年，珍惜眼前的美好风景，欣赏途中灿烂的花朵、飞扬的蝴蝶、忙碌的蜜蜂，感受旅途中的喜怒哀乐和酸甜苦辣，这样才无愧于今生。

当朝霞的余晖洒落在灌木丛上时，你会发现植物是多么生机勃勃；当雨水淅淅沥沥地打在芭蕉叶上时，你会发现那绿色的叶子是多么青翠；当艳阳高照、晴空万里时，你会发现天空是多么空旷……如果你用心欣赏眼前的风景，你会发现：一草一木皆有情，一花一叶皆有美。

古往今来，有多少人能看透“眼前最美”？又有多少人执着于自己看不到的风景？著名文学家余秋雨说过：“努力为之奋斗的，为之担忧的东西往往不是最珍贵的。因为，最珍贵的东西往往就在眼前。”同样，眼前的风景也是最美的，因为它真实，因为它唾手可得，但恰恰因为如此，眼前的风景才不被人们珍惜。

很多时候，当我们怀着一颗期待之心，风尘仆仆地赶到想去的地方时，才忽然意识到，一路疾行忽略了沿途的风景。当我们气喘吁吁赶到目的地时，才发现那里与我们的期待相差甚远，并没有什么特别之处。当我们乘车返回时，我们静静地端详车窗外的风景，才发现刚才错过的是珍贵的美景，那美丽的野花，那潺潺的流水，还有枝头欢歌的小鸟，无不在向我们诠释世间的美丽。

但与乘车旅游不同，人生是一辆永远前行的列车，有些风景一旦我们错过了，也许永远都难以欣赏到。因此，我们应该带着一颗豁达之心去珍惜，珍惜每一个落日余晖，珍惜每一幕烟雨朦胧，珍惜每一声虫鸣鸟叫，即使身处逆境，也能从容欣赏眼前的风景。

人在旅途，旅途也许很长，也许很短，无论长短，每时每刻都有风景在你眼前闪过。我们应以一颗热爱生活的心灵，去欣赏每一道眼前的风景。用一颗感恩的心去珍惜生活，感谢阳光普照，感谢日月星辰，感谢山川河流，感谢树木花草。不论人生成败，眼前处处皆是风景，你欣赏风景，你也是风景。

第七章

接受缺憾与平淡，世界上不存在完美

北宋大诗人苏轼在《水调歌头》中写道：“人有悲欢离合，月有阴晴圆缺，此事古难全。”世界上本来就没有十全十美的事物，人生不如意事十之八九，如果刻意去追求完美，只会给自己增添烦恼。只有学会面对一切，坦然接受一些不完美，才能一步步靠近完美，才能看到平凡生活中的美好，让自己的生活多一些快乐，少一些烦恼。

1. 抱怨不完美，只会让自己活得更累

如果你想要快乐，就不要抱怨生活不完美。在这个世界上，没有哪样东西是完美无缺的，生活也不存在完美。如果你刻意追求完美，费尽心机地去做事，往往到最后，疲惫的是你的心，受累的是你的身体，这样你还觉得快乐吗？

有一次，贝尔想把一幅画挂在客厅，他找来邻居帮忙。贝尔把画放在墙上，让邻居扶好，他钉钉子，就在他准备下手的时候，忽然觉得这样钉下去不好，他对邻居说："我觉得最好找两个木块，把木块钉在墙上，然后把画定在木块上，这样才完美。"

很快，贝尔找来了木块，正要钉的时候，他却突然说："等一等，木块好像有点儿大，我把它锯掉一些。"邻居说："这个木块挺好的，不用锯掉了，直接钉在墙上去吧。"但是贝尔不那么认为，他坚持去找锯子。他找来锯子还没锯两下，又说："这把锯子太钝了，锯出来的边缘不平滑，太难

看了。”说完，他让邻居等着，他把锯子磨一磨。

贝尔找来一把锉刀，可是锉刀没有把柄。为了给锉刀安一个把柄，他又到公寓楼外面的树林寻找合适的树枝。就在他准备砍下树枝时，贝尔又发现斧子锈得不能用了。于是他找来磨刀石……

就这样，一个上午过去了，邻居早已等得不耐烦了，愤愤然地甩门而去了，而那幅画依然没有钉在墙上。

生活中，有些人就像贝尔那样，为了追求所谓的完美，不惜“大动干戈”，尽管别人觉得他们已经做得够好了，但是他们并不满足，到头来不但没有得到理想中的完美，反而把生活弄得一团糟，把自己弄得狼狈不堪。

生活中哪有什么完美，完美不过是我们主观臆断出来的。很多时候，并非客观现实不完美，而是当事者过于苛求完美。比如，模特穿着顶尖设计师设计的华丽服装走在T型台上，众目睽睽之下，有些观众觉得很完美，而有些观众觉得还有缺陷。其实，这与一个人对完美的认识有很大的关系。当一个人苛求完美，而不是用宽容之心认识客观事物时，他就容易产生抱怨情绪，而抱怨是快乐的天敌，也是成功的天敌。

生活中，有些人总爱抱怨，抱怨工作不理想，工资太低、工作太累；抱怨没人欣赏，空有一身能力无处施展；抱怨别人思想奇怪，不理解自己。在抱怨的同时，他们不但赶走了快乐，还会使别人对他们产生不好的印象，继而影响他们与别人之间的交往。

在一个聚会上，有位先生喋喋不休地抱怨：怨公司不好，拼死拼活一个月，才2000多元的工资；怨上司昏庸，谁擅长拍马屁，他就器重谁、给谁加薪；怨同事不善，整天钩心斗角、明争暗斗……

抱怨完工作，这位先生又开始抱怨家人，他说妻子不讲卫生，洗澡的时候经常把卫生间溅得满地是水，小便后有时不记得冲水，洗碗常只洗一遍；他抱怨母亲太健忘，烧饭常忘关煤气，出门常忘记关灯；抱怨孩子不听话，调皮捣蛋，打坏了他好几个烟灰缸……

在他抱怨的间隙，一个朋友小心翼翼地问了一句："既然你觉得工作这么不称心，为什么不跳槽呢？"他愣了一下，奇怪地看了朋友一眼，然后大声嚷嚷道："跳槽？现在经济这么不景气，能跳到哪里去？"

朋友又问："既然你对家人那么不满，你为什么还回家，你干脆在外面租个房子，一个人生活好了。"他又愣了一下，几秒钟之后，他怒气冲冲地说："你说什么，我的家我不回去？这不是开玩笑吗？"

诚然，工作、家庭有不如人意的地方，但世上哪有完美的工作，哪有完美的家庭呢？要想拿高薪，就得有实力，还要承担高负荷的劳动量；要想受人欢迎，就得学会处理与周围人的关系；要想生活快乐，就要学会包容家人的小缺点。

抱怨是解决不了问题的，抱怨就像一股阴冷潮湿的黑雾，足以遮蔽人的双眼、迷惑人的心智、阻碍人的成长，让人在怨天尤人的泥潭越陷越深，让人活得越来越烦、越来越累。当你喋喋不休、哀怨连连时，许多的美好和转机都会在抱怨声中悄然离去。倒不如坦然接受缺憾与不完美，宽容你的生活、宽容周围的人和事，更要宽容自己，因为只有不苛求完美，才有希望获得“完美”，活得幸福快乐。

2. 人生永不完美，试着容忍瑕疵的存在

黄金无足色，白璧有微瑕。花开虽艳迟早要败，燕舞虽美却秋来南飞。世间万物皆是如此，或多或少会有一些缺陷和瑕疵。如果刻意追求完美，无法容忍瑕疵，那么“完美”就会成为一种负累，就会让生活失去真实，让生命失去光泽，让人生失去希望。只有懂得宽容，懂得知足常乐，懂得用一颗平常心看待世间万物，不刻意追求完美，才能活得轻松洒脱。

从前，有位画家希望自己的每一幅画都能十全十美，每一幅画都能赢得所有人的称赞。经过多日修改，他终于完成了一幅画，但他始终认为这幅画不够完美。于是，他把画拿到集市上，让行人过来点评，让人找出画中最不满意的地方，结果这幅画被大家评说得一文不值，到处是“不满”的标记。

回到家里，画家按照人们的评价和标记重新修改了自己的画作，修改之后他认为自己的画应该是完美的。可是当他把这幅画拿到集市上让大家欣赏时，依然有人点评这幅画不够完美。画家非常烦恼，他甚至怀疑自己的绘画技术有问题。

后来有个长者对他说："你明天画一幅画拿到集市上，让大家把他们认为满意的地方标出来，你会有意想不到的收获的！"画家照做了，事实果真如长者所料，他的画被人们做满了"满意"的标记。

这个时候画家的心情好多了，他突然意识到没有一幅画能博得所有人的满意，同样的一笔，有人觉得完美，有人却觉得是缺陷。同样的一幅画，有人觉得很好，也有人觉得糟糕，从那以后，他再也不刻意追求完美了。

完美是一个可遇不可求的充满诱惑力的口号，也是一个漂亮的陷阱。当你陷进去时，以为那是软和的席梦思床，却不知那是一个让人无法自拔的泥潭，让人痛苦不堪的深渊，人一旦陷进去，就找不到方向，发现不了真实的美。

其实，世界上根本就没有完美。追求完美，本身就是不完美。所以，可以追求完美，但是请不要苛求完美，因为苛求完美是对自己的苛求，也是对他人的苛求，时间久了，会把自己弄得筋疲力尽，让自己失去自我，失去本色，失去快乐的原形。倒不如宽心一点，给自己和他人留一个宽松的空间，让自己疲惫的心得到放松，让紧张的神经得以舒缓。

真实的东西难免有些瑕疵，只有虚假的、虚幻的东西，才有可能达到完美的境界。因为虚假的、虚幻的存在于人的想象和虚拟中，而真实的东西存在于活生生的现实中。因为真实，所以美丽，即便不完美，也能展现一种真实的完美。

生命如花，虽会怒放，也有凋零的一天。即便凋零了，它也曾绽放过；即便有瑕疵，他也美丽过。所以，试着容忍瑕疵的存在，才能更加显示其真实的美丽。同样，人无完人，每个人都有这样或那样的瑕疵，我们没必要去苛求完美，更没必要对别人求全责备。试着去接纳别人的瑕疵，才能营造和谐的人际关系。

学会容忍瑕疵，不去刻意追求完美，我们才能接纳别人，才能被别人接纳。因为我们自己也不是完美的人，接纳别人的瑕疵，也是在接纳不完美的自己。唯有接纳瑕疵，才能找到快乐之源。

学会容忍一些瑕疵，生活才会增添一些韵味。学会容忍一些瑕疵，人生才会增加一些内涵。魏晋名士刘伶，虽然满腹经纶，但却嗜酒如命，死的时候竟然用酒糟去陪葬；晋代的大书法家王羲之爱鹅如子，但调皮的鹅却经常破坏他的画，然而他并不生气；北宋的大书画家米芾虽然画技精湛，但是为人却疯疯癫癫……

也许有人认为这些臭毛病不应该出现在这些伟大人物身上，但是他们却真实地存在瑕疵。也许正是因为有了瑕疵，才会极大地丰富他们的生命意蕴，折射出了他们生命的光辉。看似不美，实则大美。

3. 缺陷是衬托美好的绿叶

有个成语叫“瑕不掩瑜”，意思是瑕疵掩盖不了白玉的光泽，比喻缺点掩盖不了优点，因为缺点是次要的，优点是主要的。其实，缺点、缺陷、瑕疵不但不会掩盖事物的美好，反而是美好事物的一种衬托。正如俗话说的那样：“红花虽好，也要绿叶衬。”在绿叶的对比之下，红花会显得别样红；在瑕疵的衬托下，白玉会显得更加美。

一天，陈先生来到首饰店，想给妻子买一串项链，经过挑选，他看中了一块玉石项链。在付钱的时候，工作人员再三重复：“我卖你的这块玉石项链，再便宜不过了，你知道为什么这么便宜吗？”

陈先生笑了笑，说：“我知道，因为它有斑点。”

“哈哈，原来你看出来了。玉石这种东西有斑点就差了，如果这串项链没有斑点，那价钱就不得了啦。”

回到家里，陈先生把买玉石项链的事情讲给妻子听。

妻子一边听老公讲述，一边把玉石项链拿在手里端详，忽然她笑着说：“这块玉石项链的瘢痕如此清清楚楚，然而，凭什么要说有斑点的东西不好呢？老虎有纹理，豹子有斑点，有谁嫌弃过它的皮毛不够纯色吗？”

“退一步讲，如果这个斑纹算是瑕疵，试问世界上又有谁能如此坦然地把瑕疵呈现出来呢？所以我觉得瑕疵也是美丽的，你说呢？”妻子说。

很多时候，如果你能展开想象的翅膀去联想、去欣赏、去品味瑕疵，它未必不是另一种美。当玉上有几粒斑痕时，你可以把它看作是几点苔藓；当玉上有几缕蜿蜒的痕迹时，你可以称它为砂岸逶迤；当玉上有稍大一点的疤痕时，你可以把它视为孤云独走；当玉上有一根直些的线条时，你可以说它是铁锁横江……你看看，这些有瑕疵的玉难道不比无瑕疵的玉有意蕴得多吗？

生活也是如此，虽然很多事情都有瑕疵，都有缺陷，但是当你怀着一种欣赏的眼光去看待时，你就会发现瑕疵其实也是一种美，缺陷也能衬托美好，营造出令人意想不到的风景。

俗话说："金无足赤，人无完人。"世界上没有完美的东西，任何事物总会有它的缺陷。有些缺陷表现在外面看得见摸得着，比如肢体上的残缺，有些缺陷却藏在心里看不见却真实存在，比如心理上的阴影。面对缺陷时，如果我们觉得它刺眼，觉得它是痛苦的根源，那么我们的快乐就会被缺陷埋葬。反之，如果能深刻反思，扬长避短，缺陷就会表现出与众不同的意义。

心理学家研究指出，沉痛的缺陷往往会造就一个人后天在某一方面的成就。这样的缺陷被称为"高贵的缺陷"，古今中外，"高贵的缺陷"层出不穷：战国时期的著名军事家孙膑因受庞涓迫害遭受膑刑而著兵法；西汉文学家、史学家司马迁因受宫刑而作《史记》；东晋书法家王羲之从小口吃却使自己的书法流传古今、风靡全球；音乐大师贝多芬由于耳聋，却创造了世界著名的《月光曲》和《第九交响曲》；美国盲聋女作家海伦·凯勒身残志坚，与病魔不屈地抗争，为世人留下许多著作……

看看这些古今中外的成功者，他们虽然有很大的缺陷，但是他们的人生并不残缺，相反，他们在缺陷的激发下坚强自信，在逆境中奋勇崛起，书写了人生的精彩篇章。他们用缺陷诠释了生命，用缺陷创造了成功。缺陷对于他们而言，就是衬托美好的绿叶。所以，我们没必要因为一些小瑕疵、小缺陷而消极沮丧、悲观绝望，而要勇敢地面对缺陷，用“缺陷”之笔书写人生的传奇。

4. 换个角度，你会看到更美的风景

中国古代伟大的思想家庄子在其代表作《庄子》中记载了一个故事：“有一棵很大的树叫樗树，它就长在路边，但从没有木匠去理会它，因为它的主干都是木瘤疙瘩盘结，它的小枝也是凸凹扭曲，完全不合乎绳墨规矩，所以能够长成参天大树，倍受人敬仰。”

樗树虽丑，却能颐养千年，这就告诉我们一个道理：坏事有时候也是好事。这也启发我们，不妨换一个角度，换一种思维去看问题，也许会看到更美的风景，也许会有不一样的收获。正如北宋大诗人苏轼在《题西林壁》中所说：“横看成岭侧成峰，远近高低各不同。”站在不同的角度可以看到不同的风景，从不同的角度可以欣赏到不同的美丽。

有一句话说得很好：“当你的眼中只看到海时，就会认为没有陆地的存在，那样，你就不会成为一个优秀的探险家。”人生也是如此，我们用什么样的眼光看世界，世界就会呈现给我们什么样的风景。用消极的心态和挑剔的眼光看

待世界，世界就会充满悲苦和烦恼；用积极的心态和欣赏的眼光看待世界，世界就会充满幸福和美好。

有一个妇人有两个女儿，大女儿染布，小女儿卖伞。每当下雨时，她就惆怅抱怨，说大女儿染的布晾不干；每当天晴时，她又唉声叹气，说小女儿的伞卖不出去。后来，邻居劝她换个角度看：天晴的时候，大女儿染的布好晾晒；下雨的时候，小女儿的伞好卖。这样一想，她每天都很开心。

生活中，经常听到有人抱怨工作不顺利，抱怨天气很糟糕，抱怨身材太肥胖，抱怨长相不够美……他们用抱怨把自己扮演成世界上最悲惨的人，让人乍一听忍不住同情，但仔细一想，发现他们并不悲惨，相反，有些抱怨者的生活状态原本很美好。那么，为什么他们还要抱怨呢？其实，这与他们不懂得换个角度看问题有关。

很多时候，不是路走到了尽头，而是人该转弯了。凡事都有正反两面，就像一片树叶，正面翠绿，反面暗淡。那些抱怨不断、对生活不满的人，恰恰是只看到树叶暗淡的背面，却不懂得翻过树叶，看一看树叶的正面。

当然，生活是个多面体，它不像树叶那样只有两面，我们完全可以从各个不同的角度去审视它，去欣赏它，去发现它的美，纵然在困境中、在悲剧中，只要我们找对看问题的角度，也能看到人生的绚丽风景。

快乐是你自己选择的，烦恼也是你自己找的。悲观和乐观在于你看问题的心态，在于你是否看得开。如果你开看了，就能柳暗花明；如果你看不开，就会山穷水尽。生活中，每个人都会遇到这样或那样的不如意，当你觉得生活苦闷时，要及时换个角度看问题，这样就能很快调整好心态，生活的阴云就会马上散去，心灵的天空才会万里无云。

5. 改变自己，适应不完美的人生

俗话说："山不转水转，水不转云转，云不转心转。"面对无法改变的客观现实时，我们唯一能做的就是"山不过来，我便过去"，如果你不想过去，那就原地待着或者转身走开。"移山大法"的故事告诉我们一个道理：人活在世，如果事情无法改变，我们就要改变自己；要想改变事情，先要改变自己，这样最终才可能改变属于自己的世界。

在这个世界上，根本没有什么移山大法，有的是一种积极适应环境的精神。因为人的力量是有限的，很多时候我们无法一下子改变外部环境，在这种情况下，我们唯一能做的就是先改变自己，去适应环境。"山不过来，我便过去"，这无疑是一种生存的智慧，是一种快乐的哲学。下面两个故事很好地表现了主动适应环境的必要性，它们告诉我们：要想活得舒适，要想幸福快乐，就必须学会改变自己——改变自己的思维，改变自己的心态。

第一个故事是：在很久以前，人类还未发明鞋子，人们都是赤脚走路。有一位国王想去某个偏僻的乡间旅行，但是通往那儿的道路崎岖不平，路上有很多碎石头，把他的脚刺

疼了，还破皮流血了。

国王回到王宫之后，马上下了一道命令：将全国所有的道路都铺上一层牛皮。他认为这不只是为了自己，更是为全国人民做好事，是在造福子孙，可以帮大家走路时免受脚底刺痛之苦。

然而国土辽阔，就算把全国的牛杀光了，也没有那么多牛皮去铺路。况且这样做会花费举国的财力和人力，显然是得不偿失的。大臣们知道这件事无法做到，而且即使做到了，也是愚蠢至极的办法，但是国王的命令不可违，因此，大家只好摇头叹息。

后来，有位聪明的大臣向国王提出建议："国王，我有个办法可以在走路时让脚底免受刺痛之苦，只要你用小片牛皮把脚包住就可以了，根本不需要劳师动众，牺牲那么多头牛，花费那么多金钱。"

国王听了之后，非常高兴，当即收回成命，采纳了大臣的建议。其实，这就是"皮鞋"的由来。

第二个故事是：有个旅行者在一座小镇游玩时，想知道第二天的天气，以便未雨绸缪，于是他问路边晒太阳的一位老人："老人家，明天的天气怎么样？"

老人头也没抬地说："明天的天气我喜欢。"

旅行者问："会出太阳吗？"

老人说："我不知道。"

旅行者又问："会下雨吗？"

老人说："我不想知道。"

旅行者完全被搞糊涂了，他说：“既然你不知道明天是天晴还是下雨，你怎么说明天的天气你喜欢呢?”

老人说：“因为很久以前我就知道，我没办法控制天气，但是我可以控制自己的心情，所以不管天气怎么样，我都会喜欢。”

很简单的一件事，却道出了深刻的生活智慧：我们无法改变道路的崎岖不平，但是我们可以穿上鞋子，避免走路时脚底受苦。很简单的一句话，却道出了深刻的人生哲理：我们无法控制天气，但我们可以控制自己的心情。

漫漫人生，没有完美。人生之路上，充满了崎岖不平，充满了陡壁悬崖，充满了荆棘茅草，还有无法预测的阴雨连绵、大雪纷飞，这些都是我们难以改变的。面对我们无法改变的现实，与其抱怨命运不幸，与其抱怨人生不完美，不如积极地改变自己，以适应不完美的人生。

全球巨富比尔·盖茨曾说：“生活是不公平的，你要去适应它。”现实的环境、周围的人不会因为我们的喜好而改变，这个时候我们无法改变环境和他人，只有改变自己。可惜很多人并不愿意改变自己，就像俄国伟大的文学家托尔斯泰所说：“世界上只有两种人：一种是观望着，一种是行动者。大多数人都想改变这个世界，但没人想改变自己。”如果你不想改变自己以适应不完美的人生，你就休想改变人生。

值得注意的是，改变自己并不是无原则的，不能因为改变自己而放弃原则，而要把握好一个度。适度的自我改变是一个积极向上的变化，是不断走向成功的垫脚石，而不是消极的行为，更不是放弃自己的本色和优势。总而言之，改变自己是为了奋飞打好基础，是为了人生蜕变而积蓄力量。

6. 对自己不苛求，学会接纳不完美的自己

从前有一个圆，它有一个小缺口，为了让自己变得完美无缺，它决定在慢慢滚动中把那个缺口磨掉。它从森林滚过，与大树一起听树梢的风声；它从河边滚过，与流水一起欢歌；它从高山滚过，与鸟儿一起跳舞。终于有一天，它把那个缺口磨掉了，让自己变成了一个完美的圆。从那以后，它开始快速地滚动起来，但是它却发现林梢的风声、流水的欢歌、跳舞的鸟儿都离自己远去了。曾经美丽的风景，变成了如今的匆匆一瞥。那一刻，它才发现不完美也是一种美丽。

其实，每个人都像那个有缺口的圆，每个人都是不完美的。人生就是一趟充满缺憾的不完美的旅程，缺憾是人生的一部分。因此，不要苛求自己，不要刻意让自己成为完美的人。

有一位 85 岁的老人得知自己患了不治之症，并将在不久之后离开人世时，他在日记本上写了这样一段话："以前我是那种把每一天、每一小时都过得十分清楚合理的人，我会做好计划，要求自己不浪费时间。但是现在如果能让我重

新活一次，我将不再刻意避免错误，刻意要求完美。我会多休息，随遇而安；我会处事糊涂一点，不再那么精明；我会大方一点，不再斤斤计较；我会更疯狂些，不那么讲究卫生；早春时节，我会到户外看风景；深秋时节，我会去庄园感受丰收的喜庆；我会和孩子一起玩旋转木马；我会多看几次日出……”

不要苛求自己变成完美的人，因为那样会让自己的生活过得太紧张、太疲惫。不完美的人生才是真实的人生，因为你不完美，才会有更丰富的人生经历，才能品尝到失败、挫折、遗憾、痛悔的滋味，才能体会到跌倒后重新站起来的喜悦，才能因克服弱点、重塑自我感到欣慰，这样的瑕疵和缺憾都是弥足珍贵的，不要等到一辈子即将结束时，才意识到那是珍贵的财富。

俗话说“人无完人”，人生不可能完美，人也不可能完美无缺。也许你不知道，西施、王昭君、貂蝉、杨玉环、戴安娜等名扬天下的美女也不是完美的，他们都有自己的缺点。貂蝉的耳朵长得较小，与面部显得不够协调；西施的两脚长得较大，只好穿长裙子遮盖住；杨玉环有腋臭的毛病，为此她让丫鬟采来香花，制成花瓣浴泡澡；王昭君肩膀窄小，只能经常披着毛皮斗篷，掩盖“削肩”的缺点；戴安娜虽然是大美人，但是鼻子较高、眼圈发黑，嘴唇上还有一颗痣……

无论是哪个人都不是十全十美的，就连有沉鱼落雁、闭月羞花之称的美女也有不足之处，更何况我们这些凡夫俗子呢？因此，千万不要为自己某个地方长得不好而心烦意乱，也没有必要过分注重自己的形象，试着放轻松一点，少去想自己的缺陷，多看自己的优点，你的自我感觉就会越来越好，你才会活得轻松快乐。对于那些缺陷，我们无须刻意去掩盖。如果你刻意掩藏，到最后你会丧失纯真自由的本性。

满月有满月的美，弯月有弯月的魅，断臂的维纳斯一样是美的象征。任何事情、任何人都不是完美的。因此，我们应该坦然面对不完美的自己，要记住，有时候太完美的结局往往就像那个完整的圆一样，会让我们失去很多的快乐。

瑞士心理学家卡尔·古斯塔夫·荣格曾说："你究竟愿意做一个好人，还是一个完整的人？与其做一个好人，不如做一个完整的人。做一个好人，只是活出一半真实的自己；而做一个完整的人，则是活出全部真实的自己。"

每个人都是不完美的，每个人身上都有令自己不满的一面——阴暗面，对此，很多人往往不惜代价、竭力伪装，为的就是让别人喜欢自己，变成一个人见人爱的好人，然而，这样会活得很累。

事实上，每个缺点背后都隐藏着优点，阴暗面也是生命赠予我们的礼物。比如，好出风头，往往是过度自信的表现；邋遢放任，说明你内心自由；胆小怕事，往往能让你避免飞来横祸；泼辣不讲理，在某些场合是解决问题的最好方式……阴暗面是生命的一部分，学会欣赏它、聪明地运用它，它就是我们的财富，就能让我们活出完整的生命。

承认和接纳自己的不完美，才能拥有完整的人生。每个人都是充满矛盾的统一体，是优点与缺点、积极与消极相互调和的结果，无论缺少哪一方面，都称不上完整。所以，爱自己就要接纳不完美的自己，只有接纳了自己，才能让完整的自我充分表达出来。

7. 顺其自然，凡事不可太强求

生活中，有些人为了求得一份尽善尽美，绞尽脑汁，殚精竭虑。尤其是在关系重大、情形复杂的事情上，人们更是寝食难安。其实，很多时候与其百般思量，让自己神经紧绷、身心疲惫，不如顺其自然，放开手脚，在轻松中从容应对，这样反而更容易看到“柳暗花明又一村”的世外桃源般美景。

在美国迪士尼乐园对外开放之前，各个景点之间的路径如何设计？对此，设计师格罗培斯心里没底。有一天，格罗培斯乘车奔驰在法国南部的乡间公路上，公路两边是漫山遍野的葡萄园。当车拐入一个小山谷时，格罗培斯发现那儿停着许多车。

经过观察，格罗培斯发现那是一个无人看管的葡萄园。只要在路边的巷子里投入5法郎，就可以去葡萄园采摘一篮子的葡萄。由于大家自由采摘葡萄，不按特定路线行走，因此，葡萄园被踩出了很多小径。

格罗培斯看到这种情景，顿时深受启发。回到驻地后，格罗培斯马上给迪士尼乐园的施工部下达命令：把迪士尼乐园的空地全部种上草，并提前开放迪士尼乐园。很快，绿色的草坪就出现了。

在提前开放的半年里，迪士尼乐园绿油油的草地被游人踩出了很多小径。走的人多，小径就宽一点，走的人少，小径就窄一些。于是格罗培斯让工人把这些踩出来的小径铺成人行道。由于迪士尼乐园的路径设计和谐，自然地满足了行人的需要，因此，该路径设计被评为世界最佳设计。

顺其自然，不必刻意强求，其实就是佛说的“随缘”，这样往往会有意想不到的收获。格罗培斯在设计迪士尼乐园的路径时，通过顺其自然的办法，设计出受人欢迎的小径，这种做法提醒我们，追求快乐和幸福，也应该顺其自然。

怎样才叫顺其自然呢？简单地说，顺其自然就是该吃饭的时候吃饭，该睡觉的时候睡觉。凡事不妄求于前，不追念于后，用一种从容平淡，自然达观的心去对待生活。拥有了顺其自然之心，纵然身在名利场中，也能获得一份清闲；纵然身在烦琐的杂事中，也能身心放松，体悟静心。人世间很多快乐，不是靠物质创造换来的，而是用一颗顺其自然的心在宁静中感受到的。

顺其自然不是放弃追求、无所作为、听天由命，也不是逃避问题或者在困难时给自己找的理由，而是以豁达的心态去面对生活，不刻意强求结果，追求一种随性随意的结局。顺其自然是一种智慧，可以让人在狂热的环境中保持冷静的头脑，也可以让人在欲望的世界里保持一种恬静的心态。顺其自然是一种修养，是饱经人世的沧桑，是阅尽人情的经验，是透支人生的顿悟。顺其自然不是没有原则、没有立场，更不是随随便便、无所谓。

生活中，经常有人发出这样的感慨：“为什么身边有些人不喜欢我？我到底哪里不好？”“为什么别人不理解我？”“为什么我付出了却没有收获？”如果从顺其自然的角度来看，你就会发现：别人不喜欢你、不理解你是正常的，不需要任何理由。如果我们强求别人喜欢你、理解你，那么你就是在强求快乐，而快乐是强求不来的，因此，我们只能顺其自然。

顺其自然是对现实的清醒认识，是对人生的透彻理解。一个懂得顺其自然的人，即使在风云变幻、艰难坎坷的生活中，也能收放自如、游刃有余；即使是在迷茫的逆境中，也能找到前行的方向，保持愉快的心情。

8. 平凡却不平庸，生活照样精彩无限

拿破仑曾经说过一句经典名言：“不想当将军的士兵不是好士兵。”很多人以此为奋发向上的座右铭，渴望成为各个行业里的精英，成为明星、大腕，成为一呼百应、叱咤风云的“领头羊”。有雄心壮志是好事，但并不是每个人都能干出一番轰轰烈烈的事业，并不是每个人都能创造出精彩纷呈的人生。当我们胸怀大志，却依然过着平凡生活、做着平

凡工作时，难道我们就是平庸无能之辈吗？当然不是，因为平凡不等于平庸，平凡的生活照样可以无限精彩。

要知道，在这个世界上，成就大业的人相比于凡夫俗子真是少之又少。大千世界中，成功之人与凡人共同构成了一个金字塔形，成功者居于塔尖，绝大多数人只能居于塔尖之下，做平凡人，做平凡事。而且，其实成功者也是凡人，吃五谷杂粮，穿粗布衣裳，也要过凡人的生活。因此，以平静的心态接受“平凡”真的很重要，只有接受了平凡，才能在平凡中创造不平凡。

平凡是一种低调、谦卑的心态，平凡中孕育着生机，包含着奇迹，就像花儿一样，无论花开绚烂还是朴素，都要在平凡的泥土中汲取营养，获得成长的动力。而平凡的泥土从未有惊天动地的表现，但却是生命的基础。所以，平凡是值得珍惜的，每个人的平凡生活都可以精彩无限。

新东方的董事长俞敏洪曾经说过：“平凡不意味平庸。”因为真正的平凡，是指对待生活有一颗淡定的心，面对得失都能看得开、放得下。平凡就如衣服上的一粒纽扣，虽然毫不起眼，但是却发挥着自己的用处。而平庸则是一粒废弃的纽扣，失去了原本的价值，找不到做纽扣的意义。

美国成功学大师拿破仑·希尔曾经说过：“如果你不能成就伟大的事业，那么就以伟大的方式去做渺小的事情。”平凡，不在于所做的那件事本身，而在于做这件事的人的心态。平凡不意味着一辈子默默无闻，也不代表一生甘于平庸，我们完全可以在平凡的生活中，怀抱一颗不甘平庸的心，矢志不渝，朝着自己最想去的方向前进。

拿破仑·希尔年轻的时候，立志要做一位著名的作家。为了实现这个目标，他知道必须借助字典，提高自己遣词造句的能力。但是那时候他家里很穷，连买一本字典的钱都没有，而且他所接受的教育并不完整，要想成为作家似乎是不可能的。因此，那些“善意的朋友”劝告他：“你的雄心壮志是不可能实现的，还是算了吧，不要异想天开了。”

年轻的拿破仑·希尔没有接受朋友的劝告，他通过打零工挣了一些钱，买了一本最好的、最完整的、最漂亮的字典。之后，他做了一件非常奇怪的事情，他翻开字典，找到“不可能”这个词，用剪刀把它剪下来，从此以后，他的字典里再也没有“不可能”这个词。拿破仑·希尔想通过这件事告诉自己：对一个想获得成功的人来说，没有任何事情是不可能的。

最终，拿破仑·希尔在不断努力下，成为美国商政两界的著名导师，被罗斯福总统誉为“百万富翁的铸造者”。后来，他写了一本名为《人人都能成功》的著作，并在世界各地畅销。

对于任何一个人来说，无论你现在平凡与否，只要你不安于现状，想获得更好的生活，并努力提高自己的思想水平，积极地行动起来，你就有希望一步步攀上人生的顶峰，改变自己的命运。或许你最终无法彻底改变命运，无法从“麻雀”变成“金凤凰”，但只要你愿意努力，完全可以成为一只优秀的麻雀。当然，如果你找对了方向，找对了方法，充分发挥自己的优势，那么彻底改变命运也是可能的。很多人白手起家，从贫穷中成功自救，最终成就了伟大的事业，恰好说明了这一点。

平凡不等于平庸，只要不甘于平庸，用淡定的心态去面对、去改变，就可以不断改变自己的人生境遇。也许我们现在没有过人之才，没有人脉，没有资本，但是绝不可以没有方向，没有目标，没有激情。

就像海尔集团首席执行官张瑞敏说的那样，“把每一件简单的事做好就是不简单，把每一件平凡的事做好就是不平凡。”不要渴望一夜暴富，不要渴望摇身一变，就拥有成功的人生，凡事要从平凡做起，要从点滴做起，懂得平凡的意义，珍惜平凡的生活，才能在平凡中创造不平凡。看看袁隆平，当初不过是一个与水稻打交道的普通人，但如今却成了“杂交水稻之父”，为全世界、全人类做出了杰出的贡献。所以，不要抱怨平凡，不要在平凡中沮丧，而要用双手去创造属于自己的精彩人生，即便不成功，也不会留下遗憾。

第八章

舍弃计较之心，学会宽容

智者说：“生容易，活容易，生活不容易。”因为生活中有太多的无奈，有各种各样的烦恼，有挥之不去的忧愁，有看得见或看不见的困难。面对这些不顺心、不如意的事情，如果我们都去计较，那么我们将活得很累。计较就像一种慢性疾病，会折磨我们的肉体，消磨我们的斗志。一旦我们习惯了计较，就很容易把很小的负面事件无限地扩大，为一点小事就浮想联翩、忧心忡忡。因此，要想快乐地生活，就必须舍弃计较之心，学会宽心地生活。

1. 人之所以痛苦，是因为计较的太多

曾经有一个人问上帝："世人责我、怪我、骂我、欺我、辱我、骗我、伤我、害我，我该怎么办呢?" 上帝对他说："只要你让他、耐他、躲他、由他、宽他、容他、忍他、敬他、不与他计较，再过几年，你就会发现心境完全不一样。"

面对令你烦心的事情或烦心的人，只要你不与之计较，只要你宽容他，那么你就不会觉得心烦、痛苦。很多时候，人之所以痛苦，是因为计较的太多。比如，接受不了别人对自己的冒犯，接受不了自己吃过的亏，容忍不了别人对自己的不友好。其实，计较的目的无外乎两个，一个是计较自己得到了什么，一个是计较自己失去了什么。可是计较来计较去，到最后自己反而失去了最重要的东西——快乐。

人性有一个弱点——无谓的计较，因为心眼太小，所以计较太多，计较越多，内心就越容不下快乐。其实，一个快乐的人并不是他拥有的多，而是他计较的少。因此，学会看

淡、看开生活中的得与失，我们才会进入海阔天空的人生境界。

有位美国心理学家曾经是一个喜欢计较的人，因为有这样不良的心理，他年轻时经常生病，心理承受能力很差，他的生活变得一团糟。有一天，他终于醒悟过来，告诉自己：这样下去不行，必须舍弃计较之心。

与此同时，他决定对“计较者”进行探究，经过长期的观察和研究，他发现那些遇事喜欢计较的人，大都缺乏幸福感，甚至会影响生理及心理健康。爱计较的人经常为琐事纠结得无法自拔，有时候会引起一定程度的焦虑症；爱计较的人处处喜欢与人针锋相对，所以生活中总有分歧和矛盾，他们的内心也因此充满了冲突；爱计较的人经常有一种胸闷、内心堵塞的感觉，日积月累，会变得忧郁起来；爱计较的人内心总是充满阴暗，他们不愿意信任别人，事事设防，内心很难有阳光的一面。所以，爱计较的人经常把自己弄得身心疲惫。

后来，他把这项研究结论写在自己的著作里，这一著作出版之后得到了很多人的一致肯定。他的著作先后在50多个国家出版，唤醒了很多爱计较、不快乐的人，使他们学会了宽容。

每个人都生活在社会群体中，会接触到不同的人、不同的事，有时还会遇到一些不公平的事情，于是误会就产生了。如果我们凡事太认真，每件事都去计较，那么我们的心就很容易被外界干扰，我们的快乐就会消失得无影无踪，我们就会活得疲惫不堪。

其实，很多事情并不影响大局，只要我们不去计较，用宽容之心对待，或退后一步，或避开一下，或换个角度想一想，就能轻松绕过这些琐碎烦心的事情，继续保持快乐的心态去生活。这样我们不仅自己活得开心，也能影响那些对我们不怀好意的人，让他们为自己的不良行为感到惭愧，从而使人与人之间的交往变得更加和谐。

做人不要太计较，计较太过，就会失去快乐。在生活中，我们不妨改变处事的观念和方式，放下偏见、成见、怨恨，用宽容的心态对待周围的每一个人，在理解原谅别人的同时，我们的心灵也能得到慰藉，我们的心态也会越来越阳光，我们的幸福感也会越来越强烈，我们与别人的交往也会越来越融洽。所以说，不计较的心态看似是善待别人，其实是善待自己。

如果你是一位上司，那么在工作中，不要只盯着下属的缺点不放，不妨多看看他们的优势，多给他们一些激励，这样更能激发他们发挥自己的才能；如果你是一位丈夫（或妻子），请不要过分苛责对方工作不够出色、对你不够贴心，最好多给对方关爱，用自己的爱感动对方；如果你是一位家长，不妨用宽容之心对待孩子的无心之过，给他们一个自由成长的空间，让他在错误中获得成长……如果，如果你的生命中少了斤斤计较之心，那么你的生活就会处处充满阳光，有阳光的生活才是美好的，有阳光的人生才有春暖花开，才有繁花似锦，才有绿色满园，难道不是吗？

2. 计较是用别人的错误来惩罚自己

生活中，有些人对身边的一些琐碎小事看不顺眼，对别人无意的错误行为耿耿于怀，为了人际交往中的一点小事大动干戈，搞得大家都不愉快。殊不知，因别人的错误而计较、而生气，即使发再大的脾气，做出再大的反应，也无法惩罚别人，相反，却是在折磨自己。

在大街上，两个骑自行车的年轻人因为车子擦碰了一下，就吵得不可开交。争吵引来了路人的围观，导致交通堵塞，街上乱作一团。最后交警到场，才将两人劝阻开来。这样的场面我们并不陌生，每每看到这种场景，我们都忍不住唏嘘。

不就是不慎擦碰了一下吗？事情不大，犯得着争得面红耳赤，甚至挥拳相向吗？其实，很多时候说声“对不起”，就能将矛盾扼杀在萌芽之中，既可以显示一方的礼貌，又可以显示另一方的大度，何乐而不为呢？

人生在世，短短几十年，我们应该把宝贵的时间和精力放在有意义的事情上，而不是去计较别人的错误，用别人的错误惩罚自己。佛陀说，烦由心生。人难免会受到外界的影响，当遇到不愉快的事情时，如果能用一颗宽容之心去对待，告诉自己：不要和别人计较，不要用别人的错误惩罚自己，那么我们的心情就会平和许多。

有位 88 岁的老太太经常悠闲地笑着，当别人问她："老太太，什么事情那么开心呢?"她总是说："活着的一天就是开心幸福的事情。"有人曾问她幸福的秘诀是什么，她说："我幸福的秘诀有 3 条，第一是不要拿自己的错误惩罚自己；第二是不要拿自己的错误惩罚别人；第三是不要拿别人的错误惩罚自己。"一边说，她一边晃着 3 根手指，沧桑的脸上满是从容和淡定，"有这么 3 条，我就不会觉得累了，人不累就会健康长寿了……"

朴素的幸福心语却道出了人生快乐的真谛。做到"不拿自己的错误惩罚自己"也许容易，做到"不拿自己的错误惩罚别人"或许也不难，但是真正做到"不拿别人的错误惩罚自己"恐怕很难，之所以难以做到，说到底不过是因为胸襟不够宽广、内心不够宽容，计较之心太多。如果我们懂得舍弃计较之心，无论别人的行为多么错误，都不与之计较，我们的心情就不会轻易被别人影响了。

人生在世，我们免不了要和别人相处，由于每个人都有自己的性格特点、兴趣爱好、言行习惯，因此，相处的时候难免会发生一些磕磕碰碰。对于别人的错误，不论是无意的还是故意的，我们都没必要放在心上，试着豁达一些，大度一些，宽容一些，我们就不会因别人的错误而生气，这样一来，很多人际矛盾就迎刃而解了。

计较之心就像一块磁铁，会把烦恼吸引过来，而且越吸越多。如果你过分计较别人的错误，难免会烦恼重重。千万不要以为你计较别人的错误，就可以让别人得到教训。事实上，计较别人的错误，不原谅别人，倒霉的是你自己，因为你会生一肚子的窝囊气，甚至连觉都睡不好，还可能气出病来，严重影响你正常的生活。

在集市上，有个穷秀才一边作画，一边卖画。一天，他看见有位大臣的儿子走了过来。秀才知道，大臣曾经将自己的父亲欺辱、迫害致死，因此，他心底不由得涌起一股仇恨的情绪。当大臣的儿子看到秀才的一幅山水画时，彻底被它吸引住了，他流连于画前，久久不愿意离去。当他提出想买那幅画时，秀才却卷起画，声称不卖给他。没想到大臣的儿子是个痴情之人，由于过分迷恋那幅画，不久竟然得了心病，变得日渐憔悴。

最后，大臣亲自出面，表示愿意高价买下那幅画。但是秀才宁愿把画烧掉，也不卖给大臣。大臣没有买到画，失望地回去了。几天之后，他的儿子就死了。

可是当秀才得知大臣的儿子死了时并没有快乐起来，他经常梦见大臣的儿子在梦中找他买画，为此他的良心受到了谴责，惶惶不可终日。从此以后，他的心性大乱，再也画不出优秀的作品了，为此他痛苦不已……

有人说，计较、报复之心就像家鸽一样，总有一天会飞回来。计较别人的错误、报复别人，最终仇恨的刀子会刺向自己。生活就是这样，面对别人的错误，过分的计较、刻意的报复往往并不能换回快乐，相反，还可能深深刺伤自己，让自己与快乐绝缘。

正如莎士比亚所说：“不要因为你的敌人燃起一把火，你就把自己烧死。发怒烧到的只有你自己。”所以，遇事不要计较，更不要生气，否则，怒火烧毁的不是别人，而是自己。

3. 世界上没有绝对的输赢，不必凡事都要争个明白

大思想家老子说过：“祸兮福之所倚，福兮祸之所伏。”坏事可以引出好的结果，好事也可以引出坏的结果。可见，这个世界既是对立又是统一的，世界上没有绝对的好坏、输赢，不必凡事都争个明白。当你看到某件好事，于是努力争夺过来时，也许你会因此失去更重要的东西。所以，是“争”还是“让”，是“得”还是“失”，完全取决于你自己。

明代文学家、戏曲家冯梦龙在《广笑府·尚气》中，曾记载了这样一则有趣的故事：

从前，有一对父子性格都非常刚直，他们从来不向他人低头，也不向他人让步。一天，家中来了客人，父亲便叫儿子去集贸市场买肉。在买肉回来的路上，儿子经过城门时，迎面碰到了一个人，结果他们面对面站着，谁也寸步不退，坚决不避开，就这样站在那儿相持了很久。

当时是中午，家里还等着肉下锅，父亲见儿子迟迟不回来，不由得焦急起来，于是出门去找儿子。走到城门处，他看见儿子和一个陌生人僵持在那儿，没半点让步的意思。他非常高兴，心中大喜：我儿子真像我，性格如此刚直。然后他对站立在对面的那个人大吼道：“你算老几，竟敢在我儿

子面前放肆！"

接着，他又对儿子说："好儿子，你先将肉送回去，陪客人吃饭，让我站在这儿与他比一比，看谁撑得过谁？"然后儿子回到家里烹肉煮酒待客，父亲替儿子"站岗"，和那个人相持下去。惹得众人大笑不止。

试问，两人怒目相向、面对面站在那里，谁都寸步不让，能争出个输赢吗？就算一方最后先妥协、先让步，他就真的输了吗？而另一方就真的赢了吗？就真的有面子吗？当然不是，反倒是为了没有意义的输赢和面子，耽误了大半天的时间，导致怠慢了客人，引起了路人看笑，为此失去的面子更多。

更重要的是，在僵持不下、绝不让步的过程中，双方带着气愤的情绪敌视对方，内心充满怨气，而且忍着炎炎烈日，这对自己也是一种严重的伤害。生活中，这样的事情并不少见，有些人凡事想争个赢，想争个明白，在一些无关紧要的问题上争论不下，结果闹得双方都不愉快；有些人不慎冒犯或伤害了别人，结果遭到对方的打击报复，于是他们再进行反击，就这样，在冤冤相报的过程中，彼此带着怨气去生活，带着仇恨去交往，失去了很多快乐。

事实上，逞一时口舌之快，争辩赢了又怎样呢？逞匹夫之勇，报复了别人又如何呢？真正的智者不会做出这么愚蠢的事情，他们懂得世界上没有绝对的输赢，不必凡事争个明白，一时的妥协退让不代表懦弱，一时的忍气吞声，也不代表自己软弱好欺负。他们不过是心胸宽广，把恩怨情仇看开了、看淡了，不屑于和别人“争”下去罢了。

常言道：“忍一时风平浪静，退一步海阔天空。”忍让和退步并不是因为害怕，也不是因为斗不过人家，而是觉得没有争执的必要。忍让和退步是为了化解矛盾，消除隔阂，让自己保持快乐，选择一种大度的方式去面对。忍让和退步是一种气度，是一种智慧，是一种高尚的修养。

在日常生活中，人与人之间难免会出现一些矛盾和冲突。在这种情况下，如果我们能放开胸怀，学会宽容，往往会赢得别人的尊重和友好，迎来一个良好的人际环境。宽广的胸怀可以融化狭隘的心胸，可以平复大家心头的怒火，驱除心头散落的阴云，让大家相逢一笑泯恩仇。

无数事实证明，彼此争执不休、斗争到底，会闹得大家不得安宁，把双方都逼上绝路。而相互宽容，彼此大度，却能让人与人之间和谐相处，让相互之间的关系更进一步。所以，当你和别人发生矛盾时，不妨对自己说：有什么好争的呢？让他三分又何妨！

4. 将怨恨收藏于心，只会让自己再度受到伤害

生活中，经常会发生这样的事情：

公司老板因心情不好，为了一个很小的错误而痛斥了属下经理。经理感到委屈，感到气愤，一整天心情都不好。他原本打算下班时给妻子买一束玫瑰花，但由于心情不好，就

放弃了这个念头。回到家里，他发现妻子做了好多菜，心中有一股莫名其妙的怒火，他冲着妻子嚷道："做这么多菜，太浪费了。"

妻子原本想多做些菜给丈夫补补身子，没想到却被丈夫痛斥一顿，好心情一下子被糟蹋了，顿时变得愤怒起来。这时她见孩子正慢腾腾地拿起筷子，就生气地对儿子大声吼叫，说孩子动作太慢，没有一点男子汉气概。孩子是无辜的，他见妈妈批评自己，吃饭的心情也没有了。就这样，一整桌子的菜竟然没有人吃，整个屋子一片阴郁。

在这种氛围中，保姆有些战战兢兢，结果她不慎摔碎了一个盘子。孩子冲着保姆大叫道："这么大的人了，还把盘子摔了，真没用。"尽管保姆生气，但不好发火，只好忍着，她捡起破碎的盘子，愤怒地扔向窗外，结果把一个路人砸伤了。

路人来到医院，见护士擦药时弄疼了自己，于是对护士大声呵斥。护士也十分生气，结果把怒气带回家，抱怨母亲做的饭菜不合胃口。母亲没有生气，只是温和地对她说："女儿，我明天一定给你做合口的饭菜。你累了一天了，赶快吃饭，然后休息吧。"护士听了母亲的话，顿时内心平静了，不再生气了。

怨恨从公司老板那儿开始，到护士的母亲这里终止。在整个怨恨循环的过程中，有一个人的责任是最大的，那就是那位经理。当老板把怨恨发泄到他身上时，如果他把怨恨放下，而不是把怨恨藏在心里带回家，发泄在妻子身上，那么怨恨就不会继续下去。可事实并非如此，当然，他不得不为一系列的不良事件埋单：打击了妻子的一番美意，伤害了妻子的感情；影响了儿子吃饭的心情；影响了保姆的心情；为保姆砸伤路人而承担医药费用。

原本应该是一个合家欢乐的晚餐，却变成了气氛阴郁的赌气盛宴，试问，那位经理不正是在用怨恨的火，一而再，再而三地烧伤自己吗？所以说，如果将怨恨藏于内心，只会让自己再度受到伤害。

怨恨永远不能化解怨恨，只有爱才能够彻底化解怨恨。因此，如果想让怨恨止于自己，就要学会用爱去化解怨恨。上文中护士的母亲之所以温和地面对女儿的怨恨，是因为她心中充满了对女儿的爱，是因为她懂得舍弃怨恨，不把女儿发泄出来的怨恨放在心上。

在这个世界上，连仇恨都可以化解，更何况是日常生活中不起眼的怨恨呢？只要我们选择宽容，不与传递怨恨之人计较，我们就不会受到怨恨的伤害，更不会把怨恨传递下去，再度伤害自己、伤害别人。

有一对夫妇结婚 10 年后才有了自己的孩子。夫妻把这个孩子视为掌上明珠，对孩子的疼爱程度可想而知。然而，在孩子两岁的时候，有一天，丈夫赶时间去上班，出门之前，他看到茶几上有一瓶打开的药水，当时他只是随口对妻子说："把那瓶药水收好。"然后就关上门走了。

妻子在厨房里忙得团团转，把丈夫的话抛之脑后。她给孩子喂过饭之后，就去收拾房间了。这时好奇的孩子把茶几上的药水拿起来，他显然被药水的颜色吸引住了，随后一饮而尽。

几分钟后，孩子痛苦地大声哭泣，然后就不省人事了。妻子吓坏了，赶紧把孩子送往医院。但是医生诊断后表示，孩子服药过量，已经失去挽救的可能性。妻子赶紧打电话给丈夫，丈夫赶到医院后，彻底呆住了。

几分钟后，他抱着伤心欲绝的妻子，平静地说了一句："老婆，我爱你。"妻子不敢相信自己的耳朵，等她猛醒过来之后，立即扑到丈夫的怀里号啕大哭。丈夫紧紧抱着妻子，安慰她："一切都会过去的，不要担心。"

孩子的死已经成为事实，再多的怨恨，再多的争吵，再多的指责也无济于事，只会让夫妻俩更加伤心。理智的丈夫深知妻子内心的自责和愧疚，若是继续指责，恐怕妻子难以承受。况且，孩子发生事故并非妻子一人的责任，所以，没必要把怨恨发泄到妻子身上，而是舍弃怨恨，让怨恨到自己这里戛然而止。

舍弃心中的怨恨是对自己的宽容，也是对别人的宽容。当是与非、功与过、爱与恨已经成为定局时，我们该做的是让一切怨恨随着岁月流逝，随着时间淡忘，与其带着伤痕累累的心去生活，不如选择放下，让自己获得解脱。

舍弃心中的怨恨，勇敢地活下去，你会发现事情并不像你想象的那么糟糕。就像那位丈夫说的那样："一切都会过去的。"没有走不出阴影的心，只有一颗不愿意走出阴影的心。舍弃了心中的怨恨，才能平静地接受现实，才能拥有平静的生活，才能与快乐结伴。舍弃心中的怨恨是一种包容，是一种大度，是一种感动他人、化敌为友的智慧。

5. 不争一时长短，不计眼前得失

在现代社会，一个人不敢与人竞争、没有好胜心自然不是好事，但如果竞争欲望太强烈、好胜心太强，处处争强好胜，为了争一时长短而与人斗气，那么就会走向另一个极端。一旦竞争失败，就可能情绪大乱、灰心沮丧、斗志全无，甚至会做出丧失理智的事情。因此，有竞争心是好事，但要明白什么事情值得去争，什么事情不值得去争，这样才能做到有取有舍，才能在生活中游刃有余。

有个大画家画的画栩栩如生，活灵活现，上门求画的人络绎不绝。但是画家总是在家里专心作画，既不停下来待客，也不与来客打招呼，显得傲慢无礼，这让求画者感到十分不爽。因此，很多求画者一气之下，愤然离去。

有一次，有位大官想把这位画家招为己用，于是前来拜访。这位大官是当朝的红人，朝廷很多大官都让他三分，但画家却不给面子，让他一个人在客厅干等。大官等了很久，也不见画家收工出来接客。但是大官并不生气，而是耐心地等待。

终于，画家作画完毕，当他看到大官还在耐心地等待时，显得有些惊讶和感动。一般来说，平民百姓见到达官贵人，多少会有些紧张。但是这位画家丝毫不紧张，他在大官面前谈吐自如，言语之中并未对大官溜须拍马，他的话语软中带硬，硬中带刚，展现了不屈不挠的骨气。

大官见状，马上放下了官架子，大加夸赞道：“听说你不为名利，不畏权贵，今日一见，果不其然。我今天来此，并非为你的画而来，而是为你的淡然而来。我想招你为门客，不知道你可愿意？”

画家说：“你待人和善，在小人面前不显大官风范，示弱求贤，我怎能不答应呢？”

后来，画家和大官成了好朋友，相互帮助，自得其乐。

面对画家的傲慢和刚硬，大官不争一时长短，敢于低头示弱，赢得了画家追随之心。而那些求画者过于计较画家的轻慢，为了争一时之气，计较眼前得失，而没能得到画家的赐画。相比之下，我们可以发现：低头、示弱、大度是高明的交友之道，示弱可以表达对别人的尊重和看重，大度能包容对方的缺点，赢得别人的好感。这样自然容易赢得朋友，营造和谐的人际关系，也为自己赢得一笔宝贵的财富。

事实上，不争一时长短，不计眼前得失，是一种远大的眼光与志向。只有目光长远，高瞻远瞩，才能成就大事。不争一时短长，才能给自己营造一个良好的环境，让自己全身心地投入，为获得远大的结果做准备。而鼠目寸光，斤斤计较于眼前的小得小失，是很难有一番作为的。

曾有这样一个寓言：

从前，在一个国家，很多钓鱼的人每天扛着钓竿东奔西跑，不管是池边、河边还是水沟边，只要有水，只要有鱼，他们就在那儿钓鱼。他们几乎每天都能有所收获，并为自己的收获洋洋自得。如果偶尔没有收获，他们还会觉得郁闷扫兴。

而有个人与大家不同，他也喜欢钓鱼，但是他只在海边钓鱼。他的钓钩粗得像大铁锚，他的钓绳粗得像藤索。他十年如一日地坐在海边的山上垂钓，虽然很多天过去了，他都没有一丁点收获，但是他始终不为所动，而是日复一日地坚持着。

十年过去了，他终于钓到一条无比巨大的鱼。他找人把这条大鱼弄上岸，然后把鱼宰杀了，切割成很多块鱼肉，让很多人都品尝了这条鱼的美味。

这个寓言就是想告诉我们：无论是做人还是做事，都没必要争一时长短，想要获得大收获，必须付出时间、付出努力，舍弃眼前的小得小利，还要耐得住寂寞，禁得住他人异样眼光的看待，只有这样，才能充分展示自己的才华，一步步奔向既定的远大目标。

另外，不争一时长短，不计眼前得失，还有这样一层意思：当形势不利于自己时，要学会示弱和妥协，能屈能伸，懂得自我保护。正所谓："君子报仇十年不晚。"只有懂得这个道理的人，才能获得最后的胜利。

6. 学会原谅，让自己心安理得

有人给宽恕和原谅做了一个形象的比喻："一只脚踩扁了紫罗兰，紫罗兰却把香味留在那脚跟上，这就是宽恕。"宽恕和原谅别人，是对待自己的最好方式。因为释怀了怨恨，才能一身轻松地生活。当你怨恨一个人时，不妨闭上眼睛，体会一下内心的感受，你会发现：让别人觉得自己有罪，你也不会快乐。

况且，有时候有些人做了错事自己并不知道，这个时候，更需要我们的宽恕和原谅，让他们幡然醒悟，帮他们改过自新。当你用自己的宽恕和原谅拯救了一个误入歧途的人时，你会不会觉得自己为社会做了贡献，觉得有一种高尚的价值感呢？

威尔·罗吉士是历史上有名的幽默大师，他曾说："我从来没遇见过不喜欢的人。"他每天与别人开心地交往，哪怕对方做了错事，伤害了自己的利益和感情，他也会选择宽恕和原谅。他能有这种宽大的胸怀和大度的心态，与他当年经历的一件事有很大的关系。

那天，罗吉士的一头牛冲破了农夫的篱笆，偷吃了农夫的玉米。农夫一气之下，杀死了牛。依据当地牧场的共同约定，农夫应该向罗吉士通告此事并说明原因，但是那位农夫并未这样做。罗吉士非常生气，带着用人便去农夫家说理。

当时正值寒流来袭，他们走到半路，马车上挂满了冰霜，他和用人几乎被冻僵了。好不容易来到农夫的木屋，农夫却不在家。农夫的妻子见有客人，热情地邀请他们进屋。进屋取暖时，罗吉士发现妇人非常消瘦憔悴，他还发现桌椅后面躲着 5 个孩子，各个瘦得像猴子一样。

没过多久，农夫回来了，妻子对他说："这两位客人顶着狂风严寒来到我们家……"

罗吉士原本是来找农夫理论的，但是话到嘴边，又打住了，他伸出手，和农夫握了握手。农夫不知道罗吉士的来意，与他开心地握起手来，还热情地拥抱，并邀请他们共进晚餐。

在晚餐即将开始时，农夫满脸歉意地说："真的很抱歉，家里只有这些豆子，本来有牛肉可以吃的，但是外面太冷了，还没准备好，真是委屈你们了。"

孩子们听农夫说明天起有牛肉吃，顿时一个个高兴地眼睛发亮。

吃饭的时候，用人一直等待罗吉士谈正事——如何处理农夫杀牛的事情，但是罗吉士就像忘了那件事一样，从始至终都没提。

饭后天气依然糟糕，农夫挽留他们住下来，等天气好转再回去。于是，罗吉士和用人在农夫家过夜。第二天早上，他们吃了一顿丰盛的早餐，然后和农夫告辞了。

在回去的路上，用人忍不住问罗吉士："你是来为牛讨公道的，为什么没有说呢？"

罗吉士笑着说："我本来是讨公道的，但是后来又不打算追究了。因为我虽然失去了一头牛，但是得到了一点人情味，牛什么时候都可以获得，但是人情味，却不容易得到。"

耶稣在受人迫害时，说过这样一句话："原谅他们（迫害者）吧，他们在做些什么，自己也不知道啊！"有些人疯狂地做一些错事，就像动物一样不自知、不自愧。对于这样的人，我们不原谅、不宽恕又如何呢？如果你觉得比他们觉悟更高，就应该帮他们从错事中清醒过来，如果你怀着这样的悲悯心去对待犯错的人，那么你就容易从宽恕中获得一份心安理得，获得一种发自内心的幸福感。

7. 包容是一种参透人生的淡定

人的胸怀就像一个盛放生活、盛放痛苦的容器，胸怀越大，痛苦的感觉就越淡。当你感觉命运对你不公，当你感慨世态炎凉，当你觉得生活不如人意，当你觉得工作烦恼层出不穷时，请开阔你的胸怀，用心去包容这一切的不顺心、不如意。如果你的胸怀宽广，那么一切烦恼和痛苦都显得微不足道。如果你有宽广的胸怀，那么你永远都会活在幸福和快乐中。

法国作家雨果曾说："世界上最宽阔的是海洋，比海洋更宽阔的是天空，比天空更宽阔的是人的胸怀。"胸襟宽广是一种修养、一种精神境界。有了宽广的胸怀，才能包容世间万物，才能容纳恩怨情仇。包容是一种渗透人心的淡定，是一种看透人生的从容。有了包容之心，生活中才会处处充满感动，时时充满幸福与快乐。

在二战期间，有一支部队与敌军在森林中相遇，经过一场激烈的枪战，有两名士兵与部队失去了联系，他们来自同一个小镇，彼此很熟悉，关系还不错。为了生存下去，他们相互鼓励，相互宽慰，在森林中艰难跋涉。10 天过去了，他们仍然没有与部队取得联系。他们仅靠一点鹿肉维持生存。之后他们又与敌人展开了一场激战，幸亏逃出了敌人的包围。可是刚刚脱险，走在前面的士兵安德森突然中了一枪。

子弹打在安德森的肩膀上，安德森当即倒地，身后的士兵慌忙跑过来抱着安德森，嘴里一直念叨着自己母亲的名字。安德森不小心碰了他的枪管一下，发现枪管还是热的，这一下安德森全明白了，他知道同伴是为了抢鹿肉活下去，才向自己开枪的。后来，他们都被部队救出来了。

30 年过去了，安德森一直假装不知道此事的真相，他从未向同伴提起此事。在后来的回忆中，安德森谈起此事时这样说道："战争太残酷了，我知道是我的战友向我开枪的，他想独吞我身上的鹿肉，他想为了他的母亲而活下来。在他母亲下葬那天，他跪下来请求我的原谅，我没有让他说下去，而且从心底原谅了他，此后我们又做了十几年的好朋友。"

有一种包容可以容纳天地，就像安德森那样，哪怕战友在背后朝自己开黑枪，他也能原谅战友的自私和残忍。更为可贵的是，在战争结束之后，安德森居然和那位战友继续做朋友，而且对那件伤害自己的事一辈子只字未提。这种大度的包容之心，真乃惊天地、泣鬼神，怎能不让他的那位朋友感动呢？

常言道："人无完人，孰能无过？"对于别人的错误，哪怕是原则性的错误，安德森都能选择包容和原谅，那么在日常生活中，在人际交往过程中的那些小磕小碰，还有什么不能包容的呢？倘若对别人的过错一味指责和批评，不但令人反感，也起不到应有的纠正效果。所以，责备不如包容，因为包容是一种无声的教育，可以感化别人，使人自觉地纠正自己的不良行为。

艺术家契尔柯夫曾在一篇文章中写道："每个人都可能因一时的愚蠢而犯下令人尴尬的错误，这一令我备感羞辱的镜头只有两个目击者：我自己和我的那位装作什么也没看到的同事。直到今日，我仍然深深感激我的那位同事在那一刻所表现出来的善意的理解和宽容——一种不为人知、却给人带来力量和震撼的美德。"

包容是一种风度，是发自内心的原谅，而不是强迫的，真正的包容是真诚的、自然的。包容是一种善意的理解和理解之后的爱和关怀，是在矛盾面前舍利取义，先人后己，不责人小过，不念人旧恶的一种君子作风。包容是一种人生大智慧，是一种高尚的修养，是一种参透人生的淡定。

8. 难得糊涂是良训，做人不要太较真

清朝乾隆年间，郑板桥曾说过一句影响深远的至理名言——难得糊涂。关于这四个字的由来，是有典故的：

清朝乾隆年间，画家郑板桥中了进士，担任山东范县的县令。有一天，一男一女两个人来到县衙，女的还没开口，男的就开始斥责女的不是，说女的为了贪图钱财，不惜用身体诱骗他。女的听到男的这样说，显得非常气恼，当场与男

的争辩起来。

其实郑板桥认识这两个人，男的是镇上的富乡绅，名叫魏善仁。此人经常吃喝嫖赌，坏事做绝。女的名叫朱月姣，是个寡妇，长得貌美如花，只是丈夫命不好，和她新婚不久便撒手归西。但是朱月姣吃苦耐劳，在当地广受好评。

两者一对比，郑板桥大致看出了事情的端倪，肯定是魏善仁要阴谋诡计占朱月姣的便宜。可是审理案件要有真凭实据，而不能以情判案。想到这里，郑板桥随即判朱月姣有罪，朱月姣一听，气得大骂郑板桥不明事理，是个糊涂官。

郑板桥不与朱月姣争辩，他假装糊涂地对魏善仁问这问那，最后逼得魏善仁无法继续编下去，说得前言不搭后语，一下就露出了破绽。在确凿的事实面前，郑板桥大声判道："打魏善仁 50 大板。魏善仁为富不仁，亵渎孤孀朱月姣，罚银 30 两，以弥补朱月姣的名誉损失，如果不按时上交罚银，拖延一天，增加 10 两。"

朱月姣这才明白郑板桥刚才的糊涂是假象，于是赶紧说："大人，我错了，我不该骂你是糊涂官。"

郑板桥哈哈大笑："济贫惩伪善，此案需奇判，若说我糊涂……"

朱月姣回应道："难得的糊涂官。"

突然，郑板桥有一种顿悟，觉得人生应该如此，难得糊涂啊，于是挥笔写了一副对联：上联：清清白白做人，下联：糊糊涂涂做官，横批：难得糊涂。从此以后，"难得糊涂"就成了郑板桥的座右铭。

清清白白做人，糊糊涂涂处事，郑板桥用看似糊涂的办法澄清了事实真相，稀里糊涂之中，不失明智和机灵。这种不与人较真，不与人争辩的处世之道，是历经世事沧桑后的成熟与从容，是大彻大悟后的淡定心态，是饱经风霜、历经坎坷后的智慧，是看透人性、看破事实后的举重若轻的谋略，是淡泊名利、洒脱不羁、包容万象的非凡气度。

糊涂处世并非真傻，而是一种机智，一种谋略。心中自有明镜在，何愁照不出事实的真伪？可笑的是，生活中有些人并不聪明，却装聪明，自以为聪明。比如，在一些无关紧要的小事上，他们爱与人争个水落石出，为了证明自己的观点是对的，不惜摆事实讲道理，非得让人难堪，却不知，这样即使赢得了真理，也会输掉人心，输掉人情味，甚至会闹得大家不欢而散。

人生难得一糊涂，对于那些琐碎的事情，没必要深究到底，很多时候，只要自己心里清楚明白就可以了。如果非要去计较、去较真，反而会让自己显得不通情理，没有人情味和亲和力。

有一句话说得非常好：如果什么事情都要睁大眼睛去看，恐怕世界上没有一片净土。人非圣贤，岂能无过，对待那些无关紧要的失误、缺陷、矛盾，何必吹毛求疵呢？不妨大事清楚，小事糊涂，求大同存小异，保持一种糊涂的态度。对于那些不好听的话或不喜欢的事，我们完全可以视而不见、充耳不闻，即听、即看、即忘，这种糊涂的心态，不仅是生活的智慧，也是快乐的秘方。

第九章

放下，便是人生大自在

拿起是得到，放下是舍弃。很多事情，拿起来容易，放下来却难。因为放不下，因为舍不得，所以，人容易活得累。人生苦短，如果我们想活得快乐自在，就要拿得起、放得下。放下是一种释怀，是一种遗忘，是一种不计较的生活态度。懂得放下，我们的心灵才会得到洗涤；懂得放下，快乐才会变得简单。

1. 有时，太过于执着也是一种错

执着是一种坚持，是一种不放弃的精神。很多时候，我们赞扬那些对爱情、事业、前途、生活目标等人生大事执着追求的人。然而，有时候，太过执着也是一种错。比如，对于那些无法改变的事实，如果我们太过执着，不接受，对于那些得不到的事情，如果我们太过执着，不放下，我们就会让自己陷入无以复加的痛苦和纠结之中。

有个医德高尚、医术高明的年轻漂亮的女医生，在经历了一件事情之后，忽然变得精神萎靡，神情恍惚，一蹶不振，35 岁的她看起来就像 53 岁。当时她的事业正处于上升期，在医院里她对病人体贴入微，在家里她对家人关怀备至，她有一个活泼可爱的儿子，家庭和和美美。一个生活如此美好的女人，为什么会忽然有那么大的变化呢？

据知情人透露，这位女医生之所以想不开、服毒自杀，与她父亲的去世有直接的关系。原来，父亲一直很爱她，她也非常爱她的父亲。但是自从父亲患了不治之症之后，她每天都生活在紧张不安中。尽管她知道父亲这种病在目前还没有救治的办法，只有等待死亡的判决，但是她依然执着于四处奔走、求医问药，最后，还是没能挽救父亲的生命。

女医生无法接受父亲去世的事实，她的心灵无法从丧父之痛中走出来。父亲去世之后，她就像变了一个人似的，以前活泼爱笑的她，脸上再也没有了笑容，她的热情活力也不见了。就这样，她从一个美丽热情的女子变成了一个整日愁眉不展的女人，半年后她明显苍老了许多，其精神气质和面容完全与她的年龄不相符。

也许，在她生命结束的那一刻，她内心的痛苦得到了解脱，但是，她却忘记了丈夫、儿子以及母亲为此承担的悲痛，忘记了一个作为妻子、作为母亲、作为女儿应尽的义务，忘记了曾经立下的救死扶伤的神圣誓言。

对于无法改变的事情，悲伤之情可以理解，但是过于偏执，用极端的方式去处理，只能让痛苦变本加厉。如果想减轻悲痛，唯一的办法就是选择放下，放下了，心灵就释怀了，生活就会变得轻松自在。

如果你自己不愿意放手，谁也无法救你。很多时候，人们总是把希望寄托在别人身上，以为别人能救自己，能把自己从痛苦、贫穷中解救出来。殊不知，在这个世界上，只有自己能解救自己。其实，自我解救的办法很简单，只要不执着于痛苦，放下痛苦，只要不执着于名利欲望，放下过度的名利欲望，我们就能脱掉身上沉重的枷锁，拥抱幸福和快乐。

听过很多“不幸”的故事，当事者往往穿着“受害者”的外衣，用无助的语气讲述自己的不幸，用抱怨的语气讨伐命运的不公。我们听着听着，就被他们带入了悲伤的气氛，发出“你真可怜”的感叹。也许有些不幸的确让人扼腕叹息，但是很多不幸，只要我们静静一想就能发现，事情原本没有这么凄惨，只要当事者洒脱放手，前方就有明媚阳光。当事者之所以痛不欲生，不过是自己太过执着、费尽心机给自己挖下了自怜的陷阱罢了。

痛苦源于太执着，源于放不下。执着就像画地为牢，是自己在咎由自取。所以，不要因为自己的执着导致的痛苦而抱怨了，因为没有人逼你痛苦。痛苦和快乐是一道选择题，你选择了痛苦，又有谁能帮你呢？只有当你选择放下，选择释怀，你才能活得自在。

当不幸降临时，你若执着地抓着不肯放手，它会把你所有的快乐都击得粉碎，让你从此跌入痛苦的地狱。如果你选择放下，任它摔落在地，你将快速走出不幸。香港作家、心理治疗师素黑曾说过这样一句话：“从来没有命中注定的不幸，只有死不放手的执着。”当你不肯放手时，即便是微不足道的伤口，也会在你的不断拨弄下变得难以愈合，甚至会加速溃烂。如果你选择放手，再深的伤口，也会痊愈。

2. 拿得起，放得下，方能活得轻松自在

人生在世，我们不断追求很多东西，也需要不断放下很多东西。在初入仕途时，我们要积极进取，不断高攀，但是到了一定的时候，就要学会放下对权力的追逐了，只有这样才能获得宁静与淡泊；在穷困的时候，我们要不断赚取财富，让生活更舒适，但是到了一定的程度，我们应该放下对金钱的迷恋，只有这样才能得到安心和快乐。人生一世，拿得起是一种勇气，放得下是一种智慧。

有位教授在开学第一堂课上给学生讲了别开生面的一课。他让一个学生伸出手，然后把一张百元钞票放在学生手上，问："这张钞票重吗？"学生说："一点都不重。"

教授顿了顿说："如果你一直保持这个姿势，10 分钟后，你觉得这张钞票重吗？"

学生说："10 分钟后，我的手会酸胀的，我就觉得钞票重了。"

教授又问："如果让你保持这种姿势一个小时，会发生什么事情呢？"

"那估计我坚持不下来，手臂会很酸的。"学生回答道。

教授点了点头，说："对，也许你保持这个姿势一天，就可能要上医院了。因为你的肌肉会严重麻痹和拉伤。通过这件事，我想告诉大家，人这一辈子，要拿得起，还要放得

下。如果长时间拿着不放下，我们就会疲惫不堪，就会痛苦不已。”

为什么很多人在穷困时可以快乐地奋斗、快乐地创业，知足地生活，而等到富有时，内心就充满了贪欲、烦恼，觉得生活不幸福、不快乐呢？其实，这就是拿得起却放不下造成的恶果。其实，生活是一门放下的学问，学会放下，才能让自己生活得更加幸福、快乐。如果放不下，受累的是自己的心。

生活中，嘴里说不在乎功名利禄、不在乎金钱美色的人大有人在，但是心里却对功名利禄、金钱美色念念不忘，时不时偷偷瞄一眼。试问，这是真正的放下吗？当然不是，真正的放下不是嘴里说的，也不是手里做的，而是心里想的。心若放下，那才是真的放下。心若放不下，一切都是徒劳。

在荷兰一座古老的教堂里，写着一句令人深受教益的话：“事已至此，别无选择。”接受现实，是对不可改变的现实的一种放下。拿得起、放得下，才能让自己心无牵挂，才能让内心保持平和，才不至于患得患失。

拿得起、放得下是一种想开、看开，看开了、想开了，我们就能找到快乐的理由；看开了、想开了，即使生活总是风生水起，我们的内心也依然会波澜不惊；看开了、想开了，何愁没有快乐的春莺在啼鸣？何愁没有快乐的泉溪在歌唱？何愁没有快乐的白云在飘荡？何愁没有快乐的鲜花在绽放？

3. 心灵的轻盈，源于那份洒脱无羁

人之所以活得沉重、活得不开心，是因为内心有包袱、有挂碍。只有放下这些包袱和挂碍，人生才会迎来一个个艳阳天，才会与快乐天天相见。

有个富人拥有很多金银珠宝，但是他总觉得心理压抑，无法轻松快乐地生活。一天，他想："也许去外面走走，会让自己轻松一些。"想到这儿，他决定去外面散散心，可是他担心盗贼偷走他的金银财宝。于是，他找个地方挖了个深坑，把金银财宝埋了起来。然后，他带着一些盘缠外出游玩去了。

富人游遍了名山大川，尝遍了天下美食，看遍了名胜古迹，但是他的心里总放不下一件事：埋在地下的金银财宝。他很多次问自己：那些金银财宝还在吗？会不会被偷走了？在游玩过程中，他的心头一直被这些疑问萦绕。因此，他的脚步无法轻盈，他的身体感到疲惫。

一天，他在一棵大树下休息。这时，他看到一个老农挑着担子走了过来，老农衣衫褴褛，却满心欢喜，一边挑担子，一边唱山歌，脚步非常轻盈。富人很是不解，就问老农："老人家，你挑着担子为什么能这么轻松，你一身清贫怎么能如此快乐呢？你有什么快乐秘诀吗？"

老农笑了笑说："我哪有什么快乐的秘诀，只要把你心

里的包袱和身上背负的东西放下来，你就会心里轻松，身心愉悦啊!”富人听了恍然大悟，意识到自己不快乐、不轻松，是心里有包袱。从那以后，他看淡了财富，活得越来越轻松、越来越快乐了。

拥有太多，害怕失去，心里便有了包袱；拥有太少，担心贫穷，心里便有了负担。生活中，人之所以活得累，不过是因为“害怕失去”和“渴望得到”，这就叫患得患失。当一个人患得患失时，他是不可能轻松起来的，也不可能洒脱地展现自己的生命之美。

王老汉在菜市场里卖猪肉卖了20年，在这20年里，他别的没学会，倒是练就了“一刀准”的绝活。当顾客来买猪肉时，无论要几斤几两猪肉，王老汉都会笑眯眯地点点头，然后用刀尖轻轻一挑，猪肉在空中划过一道美妙的弧线，稳稳当当地落在张开的塑料袋里。接着，王老汉自信地说：“正好，少一两，赔一斤!”

有些顾客不相信，便把肉往电子秤上一放，然后伸长脖子、睁大眼睛一瞅，发现果真一两不差，这才乐呵呵地拎着袋子离开。

一天，王老汉从报纸上看到一条消息：“当地电视台不久将举办‘奇人绝技’挑战大赛，获得前三名将获得丰厚的奖金。”王老汉心想：我这“一刀准”也算得上是绝技啊，如果我参加比赛，说不定得个奖呢，尤其是这个头等奖，可是足足5万元啊。想到这里，王老汉按照报纸上的地址前去报了名。

比赛那天，当主持人介绍完王老汉时，就对他说："现在，请王老汉给我们切 5 斤 3 两猪肉，一两不能多，一两不能少。"

在众人期待的眼神中，王老汉拿起了刀，但是他却迟疑着不敢下手，额头上还渗出了细细的汗珠。过了好一会儿，王老汉才在主持人的催促下动手，一刀下去之后，把肉放在电子秤上一称，比 5 斤 3 两整整多出了半斤。

为什么王老汉会发挥失常呢？显然是那高额的奖金扰乱了他的心神，使他心头被金钱牵绊，难以发挥出自己的真正水平。而平时在菜市场，王老汉没有巨额奖金的诱惑，可以在自己的"舞台"上轻松地表演，那时候他的心是洒脱的，是无所羁绊的，所以他能轻松地切肉卖肉，能做到"一刀准"。

生命如舟，无法承载太多的物欲和虚荣，如果你不想在半道搁浅，就请放下欲望和杂念，让自己轻装前行。王老汉的故事不由得让人想到那些一夜暴富的人，他们大多数在暴富之前兢兢业业地对待工作，暴富之后很快就迷失了自我，陷入奢靡的生活，一步一步堕落成命运的弃儿。与之不同，有些人在富有之前习惯了勤俭节约，富有之后依然节俭，舍不得花钱，变成了活生生的"葛朗台"，他们整天提心吊胆地守着钱，过着担惊受怕的日子，一点都不快乐。其实，他们不快乐的根源在于放不下，一切皆因欲望束缚了心灵，让心灵无法轻盈悦动。

学会放下，还心灵一份轻盈，还心灵一份洒脱。简简单单地做人，轻轻松松地生活。人活得幸福不一定要有辉煌的事业，不一定要有显赫的地位，但一定要有“放下”的心态，懂得放下，生命才会洒脱无羁。

4. 要向前看、不向后看，要向好看、不向坏看

常言道，“凡事要向前看”。人不能总活在过去的世界里，因为过去的已经过去，永远也回不来。即使你停在原地，不断地幻想美好的曾经，也是一片枉然。所以，不论曾经有多么美好，也不论曾经多么糟糕，请告诉自己：那些都已成为过去，唯有向前看、向好看，人生才会有新的希望。

漫漫人生路，有些人一边走一边留恋已经错失的美景，却不料，他们会因此错失更多身边的和前方的风景。有些人沉溺于过往的痛苦回忆中，走不出曾经的阴影，结果，人生变得暗无天日。其实，生活每天都在继续，都在向前走，与其在过去的岁月中缠绵纠结，不如向前看、向好看。因为每一天都是昨天的终结，是今天的开始，是明天的希望。只有向前看、向好看，我们才能赢得新生。

英国抒情诗人雪莱说过：“过去属于死神，未来属于自己。”过去与未来永远不能画等号，因为昨日的失败不代表明天也会失败；昨天的辉煌也不代表明天会继续辉煌。只有放下昨天，才能更好地拥有今天和明天。

对美国总统尼克松而言，1974 年是他一生中最暗淡无光的一年。那一年，他为“水门事件”付出了沉重的代价——辞去总统一职，蒙受了难以洗刷的耻辱。新闻媒体的穷追猛打，平民百姓的冷嘲热讽，以及熟人朋友的离他而去，让尼克松陷入了狼狈不堪的境地，一时间他变得萎靡不振，还患上了内分泌失调和血栓性静脉炎。

然而，尽管人生进入低谷，但尼克松却没有被现实击垮。他经过一段时间的调整，又重新振作起来。在他担任总统的最后一天，他说了这样一番话：“当我们的亲人去世时，当我们在竞选中失利时，当我们经历败北时，我们以为一切都结束了。不对，这只是开始，永远只是开始。”

在下台后的日子里，尼克松把全部的时间和精力都投入到阅读和写作上，他深刻地反思自己的过去，全面评论美国政治的得失，撰写了一系列具有影响力的著作，比如《尼克松回忆录》《领袖们》《别再有越南》《1999：不战而胜》《真正的战争》《超越和平》，等等。他用独特的方式拓宽生命的宽度，释放了自己的能量，提升了人生的价值，为推动美国的内政外交继续做贡献。凭借老骥伏枥的顽强努力，尼克松渐渐赢得了世人的尊敬，改变了历史对他的评价。

在辞去总统后的第 20 年，尼克松总统去世了。尼克松葬礼当天，政府停止办公，邮局中断投递。时任总统的克林顿代表全国向这位前总统致敬和哀悼，来自 88 个国家的 400 多名代表以及世界各界的 2000 多人参加了这次葬礼。

最有魅力、最璀璨的星星，并不是永不坠落，而是每次都能再次升起。尼克松总统就是这样的星星，如果说1974年是他人生的低谷，那么在他去世的1994年，他的人生再次登上了巅峰。尼克松的经历告诉世人，过去的已经过去，永远要向前看。过去再糟糕，也要向好的方面看，这样才有希望创造新的辉煌。

无论你在昨天拥有一段怎样的经历，或别人无法企及的成功，或一段刻骨铭心的伤痛，或欣喜若狂，或愁云满面，你都不必在意。因为昨天的成功也好，失败也罢，都属于死神，只有未来才属于你自己。所以，不必为昨天的失败而颓丧气馁、萎靡不振，也不必为昨天的胜利而沾沾自喜、狂妄自大，而要把眼光放长远一点，把心态放乐观一点，从今天开始，努力创造属于你的明天。

凡事总有两面，有不好的一面，也有好的一面。只要换个角度看问题，多看事物好的一面，你就会发现事情远远没有想象的那么糟糕，这样你就会保持快乐的心情。凡事往前看，凡事往好处想，幸福就会常伴你的左右。

5. 得不到就放手，抓不到就转身

人们常用“不到黄河心不死，不撞南墙不回头”来形容一个人的固执和不听劝告。这种一条道走到黑，直到走进死胡同，发现再也走不通的行为是愚蠢的。因为不懂得放手，因为不愿意转身，最终受伤害的往往是自己。

24 岁那年，柯梦大学毕业不到半年，在一家公司做文秘。华凯是她的上司，在平时的工作中，对她比较关心。柯梦觉得华凯帅气、有才华、有能力，对华凯也越来越有好感。渐渐地，柯梦和华凯成了一对地下恋人，在忙碌工作之余，他们享受着爱情的甜蜜温存。

可是有一天，柯梦得知华凯有老婆，还有一个 3 岁的孩子，并且和老婆的感情还很好，一时间她接受不了事实。面对华凯的甜言蜜语和关心体贴，她既不忍心离去，又不甘心这样做华凯的情人，做他和他老婆之间的小三。就这样，她纠结了很长时间，直到有一天，华凯的老婆得知他们之间的关系后，她才不甘心地放手。为此，她丢掉了原本不错的工作。

有些东西你再喜欢，但是不属于你，有些人你再留恋，但是也得不到，这时放手是最明智的选择。人生有很多值得你去珍惜的东西，何必为了一棵树而失去整片森林呢？当一段感情不属于你时，不妨做个深呼吸，抛出一个微笑，松开紧握的双手，潇洒地转身。

生活不需要无谓的执着，不需要盲目的坚持，不需要残忍地自我伤害。学会放手，学会转身，才是快乐的智慧。因为得不到的东西，抓在手中是没有意义的，放下才是最好的解脱。

有一对夫妻白手起家，做生意发了财。发家致富之后，金钱让男人迷失了自己，他经常去外面喝酒，去歌厅唱歌，和一个歌厅小姐擦出了“爱情”的火花，于是他向女人提出了离婚。

女人没有立即同意，而是苦口婆心地劝说男人迷途知返，可是男人鬼迷心窍，怎么也不肯回头。于是女人同意离婚了，她不吵不闹，在孩子和财产的分割上，她做到了应有的大度。

离婚后，女人继续努力地经营生意，男人却沉迷在温柔乡里。几年后，女人遇到了合适的男人，再次嫁为人妻，并且和丈夫联袂经营，把生意做得红红火火，把小日子过得欢欢乐乐的。

而另一个女人和这个女人也有类似的经历，但是她不肯和丈夫离婚。为了挽回丈夫，她置生意于不顾，每天在家里以泪洗面，一哭二闹三上吊，到最后，丈夫干脆不回家。于是，女人从此活在孤单中，每天和泪水相伴。

爱已僵死，还有必要维护吗？同样是女人，却有不一样的人生。前一个女人懂得从失败的婚姻中抽身而出，在经历一个漂亮的转身之后，重新找回了自己的幸福。后一个女人不懂得放手，不懂得转身，丢失了自己人生的快乐。

为什么明知前方无路可走，还要硬着头皮，在暗无天日的黑暗中痛苦挣扎呢？不要忘了，放手也是爱，爱自己，也是爱别人。不要忘了，快乐只需要一个转身，转身之后你将看到一片崭新的天地。

其实，不只是感情上需要放手和转身，在生活中和事业上，同样需要放手和转身的智慧。放手不是懦弱，转身不是退缩，而是充满智慧的选择。放手不是失败，转身不是终结，而是一个崭新的开始。放手和转身不是单纯的肢体动作，而是为不值得的东西和经历画上一个美丽的句号，让人生踏上新的征程。

学会放手，在落泪之前转身离去，你将留下一个美丽的背影；学会放手，把昨天留给过去，你将把握住美好的现在和将来；学会放手，在苦苦思索得不到答案时，不妨优雅地转身，给自己的心灵留一个喘息的空间，说不定就会柳暗花明。人生就是这样，有时候需要彻底的放弃，有时候需要暂时地放下，有时候需要漂亮的转身。

放手是一门快乐的智慧，转身是一种人生的哲学。只有历尽磨难的人，才会领略其中的蕴意，只有心胸开阔的人，才能读懂蕴藏的玄机。学会了放手，生活才不会处处碰壁；学会了转身，人生才能绝处逢生。

6. 不愉快的事，就让我们忘记吧

人生路漫漫，不愉快的事情多如牛毛，如果我们都去记住，那么我们的心怎么有珍藏幸福、容纳快乐的空间？因此，不愉快的事情，就让我们忘记吧。要像孩子一样，忘记5分钟之前的伤心哭泣，把握当下的快乐。这样，才能活出多姿多彩的人生。

有个小女孩特别喜欢跳舞，父母在她的要求下，给她报了一个舞蹈班。可是妈妈发现女孩学习跳舞会影响家庭作业的完成质量。于是，就提醒道："如果下次你不好好做家庭作业，我就不让你学习舞蹈了。"

女儿一听，立马急了，一个劲地保证会认真对待作业。可是妈妈却旧事重提："上个星期你因练舞蹈而胡乱做作业，结果错了好多题，害得我批评你，你不记得了？"

没想到女儿语出惊人，道："妈妈，我不会记住那些不愉快的事情，我只会记住快乐的事情。"

这句话让妈妈心头一震，觉得女儿说得很有道理，要想活得像孩子一样快乐，不就应该忘记不愉快的事情，记住快乐的事情吗？

孩子为什么总是那么快乐呢？因为孩子善于放下，善于遗忘。10 分钟之前被妈妈打骂一顿的孩子，打个转回来，就可以再次躲到妈妈的怀里撒娇。之前的不愉快、委屈、伤心，孩子早已抛之脑后。有时候，孩子眼里挂着泪花，脸上却满是开心的笑。这就是童真快乐的孩子，这一点我们真的应该向孩子学习，这样人生才没有烦恼。

人生苦短，我们不应该记住太多的不愉快，让自己的身心受折磨。因为心灵的容量是有限的，占据的不愉快太多，快乐的空间就小了。所以，记住该记住的，不该记住的一定要彻底地忘记。忘记生活对我们的不公，忘记别人对我们的伤害，忘记坎坷和失败……总之，不让烦恼困扰我们的心灵。

有个人和好朋友结伴去旅游，一路上，他们相互照顾，相互扶持。

一天，他们翻越一座大山时，他脚下一滑，差一点跌落到山下，幸亏朋友及时伸出手，拉住了他，才挽回一命。下山后，这个人在一块大石头上刻上这样一行字：某年某月某日，好朋友某某救了我一命。

翻过高山，他们继续前行。途中他们因为一点小事发生了争吵，朋友一气之下打了他一个耳光。不久后，他们来到一处沙滩，他在沙滩上写下这样一行字：某年某月某日，好朋友某某打了我一个耳光。

好朋友不解，就问他："为什么你把我救你的事刻在石头上，而把我打你的事写在沙滩上呢？"

他解释道："因为你救了我，我要把对你的感激记在心里，永远铭记你的恩情。而你打我，只是一件很小的不愉快，我希望自己尽快忘掉。"

把别人的恩情刻在石头上，任风吹日晒雨淋，也难以磨灭。就像把别人的恩情记在自己心里一样，那代表着长久的铭记。把别人的伤害写在沙滩上，让海浪带走不愉快的记忆，这既能让自己快点忘掉不愉快，又能显示自己的心胸大度。不可否认，这真是人性的一种大智慧。

"春有百花秋有月，夏有凉风冬有雪。若无闲事挂心头，便是人间好时节。”人生不如意十之八九，对于那些不愉快的事情，如果你能潇洒地抛开，你的心胸自然会宽广起来，你自然会快乐起来。

庄子说过：“子非鱼，安知鱼之乐？”鱼为什么总是那么快乐呢？有研究发现，鱼的记忆只有7秒，7秒之后鱼就会忘掉过去的事情，一切都变成新的。所以，小小鱼缸里的鱼永远不会觉得无聊。因为过了7秒，它游过的每个地方又成了新旅途，因此，鱼永远活在新天地里。

生活就像那小小的鱼缸，我们每天似乎都会重复昨天的事情。如果你想快乐地生活，不妨学学鱼儿的遗忘，把所有不愉快的事情尽快忘掉。学会忘掉不愉快，你就有了面对新生活的勇气，你就会拥有更多的快乐。在这方面，我们不但要向鱼儿学习，还应该像天真无邪的孩子学习，保持一颗童真的心，单纯地对待每一天的生活。

有人曾请教一位90多岁的老太太，问她长寿的秘诀，她说：“我知道怎样忘记那些不愉快的事情。”看似再平常不过的一句话，却揭示了生活的智慧。有个女人被别人诬陷了，当有人想告诉她是谁在诬陷她时，她却阻止道：“千万别告诉我，我不想知道。”她说知道了又能怎样，这种不愉快的事情不需要知道，而要学会遗忘。如果你想永葆青春，永葆快乐，如果你想健康长寿，那么就从现在开始，学会忘却吧！

7. 放下对手，也放下自己

人生不是战场，没必要时刻剑拔弩张。如果你处处与别人为敌，把别人视为眼中钉、肉中刺，并想尽一切办法打击、伤害对方，也许你真的能得逞，但是你在打击对方的同时，给自己带来的伤害或许更大。

甲和乙同为某大学心理学系的女研究生，两人住在一个宿舍，在外人看来，她们的关系还不错。两人的成绩不相上下，彼此又在暗中较劲。在快毕业的时候，两人都参加了托福和 GRE 考试。

成绩出来之后，乙的分数很高，于是她向美国一所著名大学提出申请，然后高兴地等待对方的正式录取通知。甲考砸了，心情原本不愉快，又看到乙欢欣鼓舞的模样，心中更加嫉恨，于是决心治一治对方。

在乙等待美国那所大学的录取通知书的过程中，甲盗用了乙的邮箱，向美国那所大学发了一封拒绝入学的信函。因此，乙等了很久也没有等到那所大学的录取通知，于是她多方打听和了解，得知：那所大学收到拒绝的信函之后，把名额转给了别人。

乙闻此消息，顿时懵了，因为她知道自己根本没有给那所大学发拒绝函，她知道一定有人在暗中捣鬼。经过一番调查，她发现是甲在暗中作祟，于是她将甲告上法庭。

在法庭上，尽管甲声泪俱下地向乙道歉，说自己被嫉妒冲昏了头脑，但是公正的法官最终还是判甲赔偿乙的损失。由于这件事影响颇大，校方经研究决定开除了甲，甲的研究生之路眼看圆满结束，没想到却戛然而止。

当你握紧拳头，用力地打向对手时，也许能把对方打倒，但是最终受伤害的往往是你。因为当人们遭受攻击时，往往都会维护自己、保护自己，就会奋起反击。于是，一场“冤冤相报”的丑恶剧情就此上演。当你卷入一场恶战中，当对方和你玉石俱焚时，试问，你占到便宜了吗？

赛勒斯曾说：“如果你紧握一双拳头来见我，我保证我的拳头握得比你还紧。”这句话告诉我们：当我们手里握着仇恨时，别人也会用仇恨还击。仇恨对手，其实是放不下对手，也是放不下自己。

生活中，我们经常把与自己有竞争关系的人称为对手，甚至视其为“敌人”，并时刻提醒自己：他和我有竞争关系，不是他死就是我亡（尽管没到这种地步）。有了这种心态，我们就会千方百计地敌视对方，想尽办法战胜对方，甚至不惜采用不正当竞争手段。

对手真的有那么可恶吗？当你敌视对手时，对手是否也在敌视你呢？其实，生活处处有竞争，就算你今天战胜了一个对手，明天你还有无数个对手。如果你总是对对手抱有成见，那么你一辈子都会活在仇恨中。相反，如果你放下狭隘的看法，把对手当成朋友，与之坦诚相处，真心地交流，甚至用一种欣赏的眼光去看待对手，你就会发现，对方其实并非想象中的那样，他有许多东西值得你去学习和借鉴。如此一来，对手将会成为你的动力，成为你的朋友乃至一辈子的知音。

2008 年 11 月 4 日，麦凯恩成为美国共和党总统候选人，他在与民主党总统候选人奥巴马的竞争中败下阵来。当天麦凯恩在亚利桑那州菲尼克斯市向奥巴马表示祝贺，同时，他呼吁全体美国人一起支持奥巴马。

当地时间晚 9 时 18 日，麦凯恩向自己的支持者发表讲话，他说奥巴马当选美国总统是一件“了不起的事情”，美国人民做出了正确的选择，这不仅是奥巴马的胜利，也是美国人民的胜利。他呼吁全体美国人抛弃政见分歧，共同支持奥巴马。

很多支持麦凯恩的民众得知麦凯恩落选，情绪都非常失落，有些女性支持者甚至眼中含着泪水。面对这些神情落寞的支持者，麦凯恩说：“今晚感到有些失望是自然的，虽然我们没有获胜，但失败属于我，而不是你们。”

对于麦凯恩来说，竞选失败无疑是一件悲哀的事情，但是在现实面前，他保持了高度的理智，选择了放下对手，为对手叫好，表现出了一种超然的风度。

很多人在取得进步和成功时，会为自己叫好，为自己欢呼，他们不喜欢为别人叫好，更不会为对手叫好。其实，为对手叫好并不代表你是弱者，相反，这是一种美德，因为当你给对手真诚的赞美时，你赢得的很可能是对手的好感、对手的欣赏与合作。

当然，如果你能更进一步，主动帮助对手成长，与对手合作，共同进步，实现双赢。那么，你更是可敬可佩的。

放过对手，给对手留一扇窗，也是给自己留一线生机。因为很多时候，竞争能积聚人气，有了人气才会有生意，有生意大家才能赚钱。因此，放过对手，也是放过自己。这是一种智慧，可以避免不必要的争斗，又可以为自己留一份好心情，也能给自己赢得一份友谊。

8. 放下烦恼，快乐其实很简单

有个富翁非常有钱，但是他却经常烦恼，烦恼什么呢？烦恼生意上的一摊子事情，烦恼孩子的教育问题，烦恼买房、投资等问题。烦恼多了，压抑在心头，让他觉得特别累。到最后，他甚至觉得自己患上了严重的抑郁症。于是，他开始寻医问药。

可是半年多的时间过去了，富翁依然没有找到好的医生。后来，他听说有一个地方有位著名的心理医生，于是他抱着试一试的态度去了。心理医生听完了他的讲述，对他说："我给你开三帖药方，保证能治好你的病。"富翁非常高兴，但心理医生叮嘱他："这三帖药方，你每天服用一帖，不过要记住，只能去沙滩上才能打开这个药方。否则，就不见效了。”

富翁拿着药方半信半疑地回去了。回去之后，他马上找到一处沙滩，迫不及待地打开药方，可是里面根本没有药，富翁正想破口大骂时，却看到纸上有一行字：“找根树枝，把你的烦恼写在沙滩上。”富翁只好照办，找了根树枝，开始书写自己的烦恼：孩子越来越不听话，和妻子的感情越来越冷淡；合作伙伴突然撤资，影响了公司的发展；下属办事不到位……

富翁写了很久，写得手臂发酸，他直起腰来，发现沙滩上竟然全是自己的烦恼。正在他发愣时，一阵海浪拍打过来，把沙滩上的字全冲没了。富翁看着烦恼随海浪而去，心情顿时好了很多。

在随后的两天里，他每天都来沙滩上打开药方，而那两个药方和第一天的一样，也是“把烦恼写在沙滩上”。三天之后，富翁心里的烦恼少了很多。

有人说，活着就有烦恼，不管是一贫如洗的穷人，还是富可敌国的富商，都有各自不同的烦恼。之所以有些人活得开心，而有些人活得不开心，关键就在于前者懂得放下烦恼，后者却抓着烦恼不放，甚至还会把烦恼无限放大。所以说，人生的烦恼是自找的，不是烦恼离不开我们，而是我们撇不下烦恼。如果我们不给自己烦恼，别人永远不可能给我们烦恼。

放下烦恼，快乐其实很简单。当你内心烦闷、抑郁不悦时，不妨去做你喜欢做的事情，比如，听听音乐、跳跳舞。如果你喜欢体育运动，可以打打篮球、羽毛球，还可以跑步、游泳，借以放松紧绷的神经。你还可以欣赏幽默的相声、搞笑的电影，还可以阅读轻松愉快、饶有风趣的小说或刊物。这些活动可以帮你排忧解愁，帮你怡养心神，让你感到轻松起来。

放下烦恼，快乐其实很简单。当你心情不愉快、痛苦不已的时候，你可以走出去散散心，感受大自然的美好。或走在绿树成荫的林荫大道上，或漫步在视野开阔的湖边，或走进深山大川，回归大自然，让宁静的自然荡涤一下心中的烦闷，清理一下混乱的思绪，净化一下内心的尘埃，唤回浮躁的内心。

放下烦恼，快乐其实很简单。当你内心烦恼时，如果条件允许，你可以进行短期旅游，让自己远离城市的喧嚣，置身于绚丽多彩的自然美景之中。你可以陶醉于蓝天白云，可以沉醉于鸟语花香，可以流连于林间小道，让一切烦恼在清新的空气中消散。

放下烦恼，快乐其实很简单，只要你能平静而坦然地接受现实。任何时候都要告诉自己：笑着也是一天，哭着也是一天。与其愁眉苦脸，不如笑口常开，把淡定写在脸上，把快乐留在心里。既不大悲又不大喜，让生活在平平淡淡中度过。

学会放下烦恼，快乐其实很简单，只要你有一种顺其自然的心态。俗话说："车到山前必有路，船到桥头自然直。"凡事不必太强求，顺其自然就好，因为快乐不是强求而来的，而是顺应世事变化，不断调整自己的心态，让自己保持常乐的状态。

学会放下烦恼，快乐其实很简单，只要你懂得积极地看待人生。凡事都有两面，如果你用消极的心态去看待，你看到的永远是痛苦和烦恼；如果你用积极的心态去看待，你就能找到快乐。纵然一件事情本身是悲惨的，你也能从中发现上帝为你开启的另一扇通往快乐的门。凡事都往好处想，你就能以镇定从容的心情享受生活，就可以准确找到快乐的角度，就能乐观地对待挫折和压力，展示生命的风采。

第十章

拥有空杯心态，随时从零开始

人心就像一个杯子，一旦里面装满了水，就再也容不下其他。要想盛入新鲜的水，就必须倒空杯子。这就叫“空杯心态”。空杯心态是对工作、学习、生活、生命的一种放空，是一种低头、吐故纳新的谦虚和低调。懂得适时倒空心杯，随时从零开始，才能拥有更多，才能让心灵甚至整个生命获得重生。所以说，空杯心态是更深一层的拥有。

1. 清除心灵的杂念，宁静方能致远

如果你认为世界到处是尘埃，其实是因为你的心灵沾满了尘埃。心灵就像一扇窗户，是我们观赏世界、感受世界的通道。如果心窗蒙上了太多的灰尘，人就难以看到世界的明亮，难以看到生活的美好。所以，我们要经常擦拭心灵的窗户，清除心灵的尘埃，这样才能看到纯真美好的世界。

有怎样的心灵，就能看到怎样的世界。正如一句话说的那样："心晴的时候，下雨也是晴；心雨的时候，天晴也是雨。"可见，心灵的纯度决定了看到的世界的纯度；心灵的深度决定了看到的世界的深度。如果心灵有尘埃、有污点，那么，所看到的世界也会有尘埃、有污点的。所以，如果你想看到纯净美好的世界，就应该把内心的尘埃擦掉。

很多人都有这样的生活经验：当屋子里乱糟糟的、脏兮兮的时，身处其中心情也会受到影响，心情有可能变得烦躁，有可能变得颓废、消沉。如果把房间收拾整理一番，然

后打扫干净，很快心情就会是另一番模样。其实，心房也需要经常打扫，心窗也需要经常擦拭、经常打开，这样温暖的阳光才能照进来，新鲜的空气才能涌入，生命才会获得新的活力，生活才会变成一股活水。

当生命充满活力，当生活变成一股流动的活水时，人的杂念才会不断被活水冲走，人的内心才能宁静致远。在这种情况下，人才会更专注地做事，更轻松地生活，更容易发现人世间的真、善、美。即便身处不利的环境，也能凭借一颗没有杂念、宁静的心去应对，从而踩在困难的肩膀上，不断攀登人生的顶峰。

国际著名登山运动员蒙克夫，经常在不携带氧气设备的情况下，攀登海拔超过 6500 米的高峰，这其中还包括了仅次于珠穆朗玛峰的世界第二高峰——8611 米的乔戈里峰。

事实上，很多登山高手都把不携带氧气瓶却能登上乔戈里峰作为人生的一大目标。但纵然是登山好手，一旦到达海拔 6500 米的高处，就再也无法继续前进了。因为在这个高度上，空气非常稀薄，令人感到窒息。然而，蒙克夫却做到了。

在接受表彰的记者招待会上，蒙克夫和大家分享了一段历险的过程。他说，在攀登乔戈里峰的过程中，当突破海拔 6500 米时，人的最大心理障碍就是各种翻腾的欲念。在这个过程中，任何一个细小的杂念都会使人精力分散，使人松懈意念，转而对氧气充满渴望。慢慢地，人就失去了冲劲与动力，“缺氧”的念头也会浮现出来，最终让人放弃攀登。

蒙克夫说：“在空气极度稀薄的情况下，想要登山顶峰，你就必须排除一切欲望和杂念。脑子里杂念愈少，你的需氧量就愈少；你的欲念愈多，你对氧气的需求便会愈多。”

其实不仅是攀登高峰需要排除杂念，生活中的很多事情都是如此。只有让自己保持一颗平静如水的心，才能宁静致远。看一看那些佛门中的高僧或那些民间的“老寿星”，他们虽然常年吃素，饮食简单，但是他们却身心健康，精力充沛，寿命高于常人。为什么呢？其中最重要的一点就是他们排除了欲望和杂念，让自己的身心长期处于安定、清净、祥和的状态。由于没了欲望和杂念的干扰，他们体内能量的消耗才会降到最低限度。

清除心灵的欲望和杂念，心灵就会远离浮躁，变得格外宁静，如此一来，人生就会变得像明镜一样平光洁亮，世界万物都会被摄入其中，精彩纷呈，细致入微，皆映于其上。同时，人在做事的过程中也不会受到纷乱思绪的干扰，这样才能精神高度集中起来，才能把事情做得更接近完美。反之，人的内心一旦有了欲望和杂念，整个世界都会变得躁动不安，如何宁静致远呢？

欲望和杂念就像一粒粒细小的沙石，内心就像一潭湖水。当沙石在湖面跳动时，湖面注定是难以平静下来的。只有当欲望和杂念沉入湖底，内心的湖水才能恢复宁静。内心宁静了，才不会有过多的挂念，才不会患得患失，才可以避免许多鲁莽、无聊、荒谬的事情发生。内心宁静了，人才不会不在乎太多的身外之物，而是执着于自己脚下的路。

2. 生命之舟需轻载，减法生活更精彩

忙碌的工作，混乱的生活，常常让人深陷欲望的泥潭之中，越是拥有，越容易不满足，也越容易迷失。当一段感情宣告结束，当一时身体欠佳，当一项工作告一段落，当一场财务危机不期而遇，当一次心灵遭受创伤……当生活除了忙碌还是忙碌，身心除了疲惫还是疲惫时，我们该做些什么呢？答案是减负、减压、节欲……

“减法”是生活的艺术，懂得用减法来生活，才能摒弃物质的奢华，倾听内心的声音，释放心灵的空间。陶渊明减去了官场的纷扰，才能在宁静秀美的田园中悠然采菊；居里夫人减去了名利的诱惑，才能在科学的世界里尽情驰骋。通过减法可以消除疲惫，可以减轻烦恼，可以让混乱的生活变得安然有序。当困扰你的一切不再困扰你时，幸福的天使就会给你送来最美好的祝福。

素有内地新“四小花旦”之称的知名女演员王珞丹，常常给人一种活泼开朗的印象。但事实上，她并不像人们看到的那样青春活力、充满激情，甚至有段时间她觉得身心疲惫，内心抑郁。她担心自己患了心理疾病，便托朋友给她找心理医生，但朋友却告诉她：“你这是患上了现代人的通病——欲望无止境，欲望产生焦虑，长时间下去，人会崩溃的。”

王珞丹为什么会这么累呢？原来，自从出道以来，她几

乎每天都忙着拍戏、拍广告、拍 MV、配音、主持，在业界她有“女超人”的绰号，什么活都愿意接。她赚了很多钱，但是舍不得花，而是都存起来，经常一个人拿出存折，看着上面不断飙升的存款数额，她感到很开心。她计划在北京郊区买个大别墅，还想买一辆自己喜欢的车。

王珞丹深知混娱乐圈人脉很重要，因此，她很重视参加各种聚会、晚宴。有时候一晚上要参加几个聚会，在这个聚会上喝几杯酒，和别人寒暄几句，然后马上赶赴下一个聚会。她认识很多名流，仅仅是名片就有厚厚的 3 本，但是翻开一看，她发现和很多人都是一面之缘，连一个深谈的人都找不到。

身心疲惫的王珞丹患上了失眠症，休息不好导致身体瘦弱，而且皮肤也粗糙了。她知道是该停下来歇一歇，放下那些让自己疲惫的东西了。在朋友的劝告下，她第一次了解到“减法生活”。

王珞丹把买别墅和车子的计划放一边，减少了参加聚会的次数，衣服和化妆品也一切从简，她开始在家里做饭，这样既经济又健康。一个月下来，可以少花很多钱，而且她觉得做饭也蛮有意思的。她不想别的，只想做个好演员。遇到了好的角色，哪怕片酬低一点，她也不在乎。如果角色不好，她宁愿在家休假。

忙碌的时间少了，王珞丹陪家人的时间就多了。有一年，她陪父母去日本北海道游玩，当她看到父母喜悦的神情时，内心也觉得很满足。

再次，王珞丹把那 3 大本厚厚的名片簿扔掉了。因为那里没有一个知心朋友，与其把时间花在那上面，不如和好朋友喝喝茶、聊聊天。

自从过上了减法生活，王珞丹渐渐走出了疲惫，她觉得生活越来越轻松了。

有人说，人的内心就像一栋新房子，刚搬进去的时候，人总想把所有的家具和装饰摆在里面，结果到最后，家里被赛得满满的，就像一个死胡同，人待在里面觉得很不舒服，于是开始想着舍弃或丢弃一些不需要的东西。这个比方是非常恰当的，其实生活的本质是追求简单，简单即轻松，简单即快乐。因此，快乐的生活需要化繁为简，需要不断把不必要的东西清理出内心，用最少的东西享受最精致的生活。

学者于丹曾经说过这样一段话："人一过而立之年，就要学着用减法生活，也就是说，一个人在 30 岁之前是用加法生活的，不断地从这个世界上收集所需要的东西。30 岁以后，人就应该开始学着用减法生活，也就是学会舍弃那些不是你心灵真正需要的东西。"

生活是一道减法题，给生活做减法，才能还心灵一份宁静，让人生简约而不简单。如果不懂得用减法来对待生活，人的心灵就很容易被堆得太满，最后会为所得所累。

著名女演员袁立曾说过："其实，人生不应该太满。太满便没有空间去享受生活，会让心灵衰老得很快。过简单生活，主动摒弃一些东西是种成熟的心态，那是因为你知道自己要什么不要什么了。减少并不意味着退步，只是做了合理的减法，化繁为简了。"

生命是一个珍贵的礼物，父母把这个礼物送给我们，是为了让我们享受生活，而不是让我们苦苦追求，在欲望的世界承受痛苦。所以，当你觉得生活苦累时，一定要记得及时清空心杯，当你觉得内心疲惫时，一定要停下来歇息，整理一下混乱的生活。这样，你的生活才不会把你压垮，你的脸上才能绽放出更灿烂的笑容。

3. 放低姿态，你才能获得更多

有一位哲人曾经说过："如果心中装满了自己，就不会有别人的地方，世界当然就会很小。如果将自己放小，所有的人和事都能容下，世界自然就会变大。"要想容下所有的人和事，就需要"倒空"自我，这样才能获得更多，才能更好地实现自我。

比尔·盖茨曾经说过："如果我们有了一点成功便觉得了不得，这是很不好的。但是假如在我们为自己的成功自鸣得意时，有一个人来教训我们一番，那我们就很幸运了。"当一个人自我满足、目空一切时，他怎么能从别人身上学到知识、经验和智慧呢？自满的人内心装满了自己，根本没有容纳别人的空间，这不但学不到知识，还可能引起别人的反感，甚至与人树敌。古话说得好："满招损，谦受益。"真正的智者懂得放低自己，保持一颗谦逊之心，对别人保持尊重和敬仰，正视别人的意见，这样别人才愿意和他分享知识、经验和智慧。

大海之所以能容纳百川，是因为它放低了自己；山谷之所以能藏风纳气，也是因为它放低了自己。人如果想活得悠然自得，活得宁静致远，也应该放低自己。当我们把心放低之后，无论朝谁看去，都能发现别人身上的优点，都能看到别人的长处，只要吸收过来，就能丰富自己的内心、提高自己的能力、强大自己的灵魂。

美国第三任总统托马斯·杰斐逊，曾经说过一句很有名的话："每个人都是你的老师。"这与孔子说的"三人行，必有我师"的道理是相同的。

1743 年，杰斐逊出生在一个比较富裕的家庭。他的父亲是一名军官，母亲是名门之后。不论从家世背景来看，还是从受教育程度来看，杰斐逊都属于社会的上层人士。他家里有园丁、用人，餐厅里还有服务生，但是在他们面前，杰斐逊从来不摆架子，从来不对他们发号施令，而是和他们轻松、愉快地交谈，和他们打成一片。在当时能做到这点是很不容易的，因为当时的贵族对一般民众除了发号施令之外，很少和他们交谈。

杰斐逊平易近人的低调做法不为别的，就是为了向这些人学习，与他们保持和谐的关系。正如后来有一次他对法国贵族拉法叶特说的："你必须像我一样到一般的民众家里去坐一坐，看一看他们的菜碗，尝一尝他们吃的面包，你只有这样做了，才能理解他们不满的原因，并且懂得正在酝酿中的法国革命其中的深刻意义了。"

杰斐逊的低调告诉我们一个道理：越是位高权重的人，如果越懂得谦虚，就越容易赢得别人的敬仰。因为谦虚可以让你显得高大，朴实、和气能让你赢得众人的好感，使别人觉得你亲切可靠，恭敬顺从可以满足别人的自尊心和指挥欲，使别人觉得与你合得来。总而言之，谦虚可以赢得别人的好感，赢得别人的帮助，这样你就能获得更多。因此，学会放低姿态，保持低调是一种难得的智慧。

有位计算机博士在找工作的时候，被很多公司拒之门外。万般无奈之下，他决定换一种求职策略。他把所有的学位证书都收起来，以一种低姿态去求职。很快，他就被一家电脑公司录用，成了一名最基层的程序录入员。

工作了一段时间后，上司发现他才华出众，因为他能指出程序中的错误，这绝不是一般程序录入员所能做到的。这时，博士把自己的学士证书拿出来，老板顿时一惊，觉得不能大材小用，于是给他调换了一个与本科毕业生相匹配的工作。

又过了一段时间，老板再次发现他与众不同，因为他在新的岗位上游刃有余，经常能提出独到的见解，提出有价值的建议，把本职的工作做得非常好。这时博士拿出了自己的硕士证书，老板又提升了他。

有了之前的两次事件，老板开始密切关注他，发现他比公司的其他硕士更有能力，于是找他谈话，这时，他拿出了博士学位证书，并向老板清楚地讲明了原因。老板一听，恍然大悟，当即欣喜不已，从此以后开始大力重用他。

做人要能屈能伸，面对不利的环境时，学会放低姿态，适当委屈自己，并不是窝囊的事情，而是为了获得更好生存机会的聪明举措。就像那位博士生在工作中保持低姿态，并不影响他的气节和骨气，也不影响他的形象和尊严一样。相反，低姿态才能获得更多。

当我们遇到一个很低的门时，昂首阔步冲过去，往往会把脑袋撞疼。明智的做法是弯一下腰，低一下头，表现出一种低姿态，这样才能顺利通过。自古以来，大凡成功者都懂得放低姿态，周文王从王车上走下来，陪姜太公钓鱼，之后赢得了姜太公的辅佐，最终灭商建周，成为一代君王；刘备三顾茅庐，态度诚恳，终于拜得诸葛亮为军师，促成三国鼎立。可见，放低姿态才能获得更多，放低姿态才能更好地走向成功。

4. 每一次跌倒，都是为了再爬起

印度哲人奥修曾经说过："每一项错误都是学习的机会。只是不要一再地犯同样的错误，因为那是愚蠢的。尽可能犯更多的错误，不要害怕，因为那是自然让你学习的唯一方式。"因此从这个角度来看，每一次跌倒、每一次失败，其实都是一种学习和进步，都是为了更好地爬起来，走向成功。

发明大王爱迪生在发明电灯时，为了寻找合适的材料做灯丝，和助手尝试了一千多种材料，但是均以失败而告终。助手十分沮丧，他想放弃这个项目，于是对爱迪生说："先生，我们已经失败了一千多次了，看来没希望了。”

爱迪生笑了笑，说：“不，我认为这不是失败，相反，我们已经成功找到了一千多种不适宜做灯丝的材料。即使我们没有发明电灯，后人也可以从我们的探索中受到启发，少走一千次弯路，从而最终发明电灯。”

后来，经过爱迪生和助手们的努力，他们终于找到了合适的灯丝，成功发明了电灯。

世界潜能激励大师、世界第一成功导师安东尼·罗宾曾说过一句名言：“人生没有失败，只是暂时还未成功。”爱迪生就是这么认为的，他在经历了一千多次不成功之后，依然能乐观地说：“我们已经成功找到了一千多种不适合做灯丝的材料。”这种与众不同的思维模式，是爱迪生取得成功的重要因素。

很多时候，失败本身并不可怕，可怕的是对失败没有正确的认识，最终丧失了信心，从此一蹶不振。其实失败不是灾难，不是世界末日，它只是一次很平常的跌倒，只要爬起来，勇敢地去面对，人生又将迎来新的曙光。可以说，每一次跌倒和失败，都是为了下一次更好地站起来。所以，我们要有积极的心态，因为跌倒和失败中蕴藏着成功，每一次跌倒和失败都是在尝试、在接近成功。

诺贝尔当初研究炸药时，失败了千百次，甚至差一点在爆炸中丧命。可是，当家人抱怨他，阻止他继续研制火药时，他却笑着说：“没事，下次一定能成功。”试想，如果诺贝尔没有这种积极、乐观的心态，他怎么能坚持到底，并最终成为杰出的发明家呢？

生活中，有些人一旦遭遇挫折和失败时，就会变得消沉和悲观，整天唉声叹气，不是感叹时运不济，就是感叹命运不公，再不就是抱怨家世不好，而不是从失败中找原因，想办法更好地走向成功。抱怨是懦夫的特有行为，而不是强者应有的心态。真正的强者就像寒风中的雪松，无论寒风怎么肆虐，无论大雪怎么压迫，他们都会不屈不挠地昂首站立，就算被大雪压趴下了，他们也能迎着来年的春暖花开，继续保持盎然生机。

帕格尼尼是意大利著名的小提琴演奏家。在这个有着辉煌成就的人生背后，暗藏的是层出不穷的不幸遭遇。帕格尼尼出生之后，就疾病缠身，一辈子多次从死亡的魔爪中逃生：

4 岁的时候，帕格尼尼患上了麻疹和可怕的昏厥症，险些丧命；

在儿童时期，帕格尼尼患上严重肺炎；

46 岁时，帕格尼尼突然牙床长满脓疮，最后几乎拔掉了所有的牙齿。

后来，帕格尼尼又染上了可怕的眼疾，双眼几乎失明；

50 岁后，帕格尼尼患上了关节炎、肠道炎、喉癌等多种疾病；

再后来，帕格尼尼的声带坏死，他只能在儿子的帮助下，通过口型向儿子传达想法……

看到这段文字时，你是否感到震惊呢？尽管帕格尼尼一生中苦难重重，但是他始终不向命运屈服。15 岁那年，帕格尼尼就成功举办了一场震惊世界的音乐会，并从此名扬天下，他一生中先后创作出《随想曲》《无穷动》《女妖舞》六部小提琴协奏曲及许多吉他演奏曲。帕格尼尼没有被苦难和病魔打倒，每一次跌倒，他都坚强地站了起来，最后在苦难中成长为音乐巨人。

也许，对生命来说，坎坷、浮沉是最好的磨炼。法国作家巴尔扎克曾经说过："世界上的事情永远不是绝对的，结果完全因人而异。苦难对于天才是垫脚石，对于强者是一笔财富，对于弱者是万丈深渊。"

一个人如果想获得成就，就要让自己的内心强大起来。在奋斗的过程中，困难和挫折总是不期而遇，苦难和失败可能如影随形，但是不要害怕，不要逃避，而要用信心和勇气去战胜它们。当我们在生命的困顿中出人头地时，我们就会找到生活的意义；当我们在不断的跌倒中屹然站立起来时，我们就能感受到生命的强悍；当我们在一次又一次失败之后获得成功时，我们就会明白"失败是成功之母""苦难是命运的恩赐"的道理。

5. 不堪重负就归零，及时忘却也是一种能力

记忆是一种能力，遗忘更是一种能力。对于过去的痛苦和悲伤，与其保留在心灵的某个角落，让它经常折磨你、烦扰你，不如彻彻底底地忘却。英国浪漫主义作家史蒂文森曾经说过："一个人应当摈弃那些令人心颤的杂念，全神贯注

地走自己脚下的人生路。”学会忘掉也是一种能力，忘却了伤痛，生活就会向你绽开笑颜。

中国当代著名女作家三毛，小时候就是一个非常聪明、勇敢、活泼的小女孩。但是在上初中之后，她的数学成绩越来越差，几乎每次小测试都不及格，为此她变得越来越自卑。

后来，她发现每次小测试的题目都是从课本后面的习题中选出来的。于是，她每次考试之前都会把那些题目背诵下来。通过这个方法，她连续几次考试都得了满分。这让数学老师非常怀疑，于是，老师决定单独测试一下三毛。

一天，数学老师把三毛叫到办公室，把事先准备好的一份试卷交给她，让她在规定的时间内完成。由于题目难度很大，三毛绞尽脑汁也答不出来，最后得了零分。

从那以后，不知出于何种居心，数学老师经常在班上嘲笑三毛，甚至让三毛站在同学面前，让学生用毛笔在三毛脸上画圆圈，引起全班同学的哄笑。这种羞辱对十多岁的三毛而言，无疑是沉重的精神创伤。三毛开始厌恶上学，厌恶老师，厌恶学校，她开始逃学，最后，她干脆休学在家。

休学在家的日子，三毛依然走不出老师的羞辱给她造成的阴影。当家人在一起时，姐姐弟弟免不了会说些学校的事情，这个时候三毛总是痛苦不堪。这件事对三毛后来的性格以及人生的成长，都产生了很大的负面影响。

我们不想批判那个不怀好意的数学老师，也不想苛求一个十多岁的孩子学会忘却，我们只是想从三毛的经历中吸取教训，以便在今后的人生道路上做一个懂得及时忘却痛苦和烦恼的人。忘却是一种快乐的能力，当一件事对我们造成了伤害时，如果总是记在心里，经常回忆，无异于在刻意拨弄伤口，这样伤口就永远无法愈合，而我们自己要承受源源不断的痛苦，何必呢？

如果我们想活得开心、洒脱，最好的办法是做个健忘的人。忘却痛苦就像倒垃圾，将垃圾扔得越远越好，同样，将痛苦忘得越干净越好。因为一个人内心的容量是有限的，尤其是容不下太多的悲苦和烦恼。在某些时候，及时忘却比深刻记忆更为重要。对于那些折磨人的事情，对于那些鸡毛蒜皮的小事，对于那些恩恩怨怨的情仇，我们应该及时清空，及时忘却，还自己一身轻松，让自己回归到真实的生活之中。

有个花季少女得了绝症，为了不让家人在自己死后过度伤心，她在生命有限的日子里，总是用阳光般的笑容安慰家人。在弥留之际，父母悲痛欲绝，极度崩溃，她却用手指指向床头的日记本，示意父母去读。几秒钟之后，女儿永远地闭上了眼睛，安心地离开了人世。

父母一边痛哭，一边翻开日记本，上面这样写道："亲爱的爸爸妈妈，请不要因我的离去而伤心落泪，因为哭泣无济于事，既然我已经结束了生命，就忘记我吧。只有忘记了我，你们才能开始新的生活。我永远爱你们，永远陪在你们身边，我要看着你们幸福地生活下去，请答应我好吗？"

感伤的故事中讲述了一个懂事的女孩，它让我们看到，对于生活来说，忘却是多么的重要。忘却了痛苦，内心才能容下新的快乐；忘却了烦恼，内心才能容下洒脱和轻松；忘却了苦难，内心才能容下新的希望。

很多时候，忘却不代表不在乎，它不过是铭记的另一种存在形式。学会忘却，在不堪重负时及时转身，留下一个潇洒的背影；学会忘却，在不堪重负时清空心杯，留给自己一个喘息的空间，让疲惫的心得以放松，让紧绷的神经得以松弛，这样才能重新感受到生活的快乐。

著名作家刘震云曾经说过："归零心态就是把心灵里原有的东西都清除，把曾经的过往都剥除，让一切重新开始。"在人生的道路上，当你的心被曾经的伤痛、失败、困惑、成功、辉煌装满时，你的心就会变得沉重，这个时候最好的办法是忘却，就像收拾房间一样，把那些没有价值、让你痛苦和烦恼的东西扔出你的记忆。

如果你有机会，不妨放下手中的工作，忘掉那些可恶的烦恼，换一换环境去感受生命。你可以一个人或三两个人去郊外，把心放飞。看看那些绿色的植物，听听那些鸟儿鸣叫，闻闻花儿的芳香，感受一下淅淅沥沥的小雨，让纷纷扰扰的琐事随着雨水流去，让浮浮躁躁的心变得宁静，这样你的心情将会更加舒畅。

6. 不惧怕任何挫折，活出强者气势

百世沧桑，不知道有多少消极悲观者因受挫而放大痛苦，然后一蹶不振；千年人世，更不知道有多少意志薄弱者

因受挫而放弃目标，然后选择消沉；万古旷世，又不知有多少自卑懦弱者因受挫而自暴自弃，最后葬身于万劫不复之地。面对挫折，你会怎么应对？

如果没有双臂，你会做什么？如果只有一条腿，你能走多远？如果只有一只眼睛，你会怎样看世界……不要以为这是假设，因为这些不幸都真实发生了，它们就发生在台湾传奇画家谢坤山身上。

谢坤山 16 岁那年，因触高压电而失去了双臂和一条腿，后来又因一次意外事件失去了一只眼睛。然而，如此不幸的人，却成了台湾家喻户晓的快乐明星。他的人生故事被拍成电视剧，被美国《读者文摘》杂志用十几种语言刊登发表。

失去了双手之后，谢坤山成了妈妈的“新生婴儿”。无数个夜晚，妈妈给他喂饭；无数个清晨，妈妈给他穿衣。看到妈妈为了照顾自己而没时间吃饭，没法做家务，谢坤山决心自食其力。怎样才能自己吃饭呢？经过冥思苦想，谢坤山发明了一个进食工具——把一个活动的套子缠在一个螺旋状的中空铁环尾端，再把套子套在残存的右臂上，再把 L 型的汤匙柄插进铁环套子里。自从谢坤山能够自己吃饭以后，他在校园演讲的时候，经常风趣地把自己的吃饭工具称之为“坤山”牌自助餐具。

之后，他相继学会了自己刷牙，学会了用脚控制水龙头，学会了自己洗澡。为此他发明了很多工具，解决了自己的吃喝拉撒问题。到最后，日常生活他几乎能完全自理，甚至还能用残存的短臂夹住笤帚，在家里打扫卫生。

曾经，谢坤山出事后，有些邻居劝谢坤山的妈妈："让坤山去夜市一蹲或到庙前一躺，定能挣到不少钱。"在很多人看来，穷人家的重度残疾人只有靠乞讨过生。可是谢坤山根本不这样想，他说："四肢我已经失去其三，不想连做人的尊严也失去了。"他开始思考人生之路怎么走，他决定继续学习最感兴趣的事情——绘画。

然而，对于穷人家的孩子来说，学习绘画是一门奢侈的爱好。谢坤山的父母不理解儿子的想法，再说了，家里为了给他治病，早已花去了所有积蓄，还欠下了一屁股债。没办法，谢坤山只好把哥哥偶尔给他买汽水的零用钱存下来，用于买铅笔和白纸，为学画做准备。

可是没有手，怎样拿笔呢？谢坤山想到了用嘴巴咬住笔写字绘画。经过一番刻苦训练，他真的做到了。之后，他又学会了用嘴巴削铅笔，他削出了自信心，也削出了自己未来的路。后来谢坤山又千方百计地找到台湾著名画家吴炫三先生，吴先生被他的诚心打动，同意收他为徒。从此，谢坤山每天拖着残缺的身体，转几趟公车，赶到学校学画画。

就在他如饥似渴地学习绘画和知识的过程中，不幸再次降临，他的右眼在一次碰撞中失明了。然而，这种挫折并未阻挡他前进的脚步。他十分珍惜学习的机会，每天埋首在书桌前，每天最多睡四五个小时，为此他开玩笑说"少睡就是多活"。

学画 3 年之后，谢坤山以优异的成绩被台北建中补校录取了。他的绘画水平也有了长足的进步，多次在国际比赛上获奖，而他也得到了人们的认可。1994 年，他的作品《金池塘》以 8 万元新台币卖出；他的作品先后 6 次入选大型画展，1997 年他获得了国际特殊才艺协会视觉艺术奖。

人生如棋，在你接二连三地失去车、马、炮之后，你该怎样面对生活呢？对此，谢坤山说："就算战到一兵一卒，我都还要坚持下去。"这种不惧怕任何挫折，积极面对的人生态度，使谢坤山活出了强者气势。

在人生的道路上，遭遇崎岖和坎坷是难免的。在这些阻碍面前，你能像谢坤山那样毫不畏惧、勇往直前吗？你能不轻言放弃，珍惜生命仅存的拥有吗？每一种创伤都是一种成熟，每一次不幸都是一种历练，如果我们鼓起勇气，不向命运屈服，那么一切目标都有实现的可能。

只要不放弃，就会有希望；只要不放弃，就可以更好地面对磨难；只要不放弃，就能看见风中游舞的春光；只要不放弃，人生就能知足常乐；只要不放弃，就能更好地把握住每一天。松下幸之助正是因为不放弃，不沉浸在悲伤之中，才能有如今的伟大成就。

人的一生其实很短暂，在这短短的旅程中，我们会碰到各种各样想不到的事情，这些事情本身并不可怕，可怕的是我们无法从这些事情给我们造成的负面影响中抽身出来，或者说可怕的是我们无法把这些负面影响从心杯中倒掉，不能尽早地以最新、最好的状态去迎接新的人生。所以，不论什么时候，哪怕我们身无分文，只要生命还在，我们都应该笑看挫折，我们要坚信：磨砺到了，幸福也就来了。

7. 放下过去的荣耀，不断创造新的辉煌

生命如舟，逆水而上，不进则退。在这个不断变化的世界，我们唯有永不自我满足，才能不断超越自我。德国著名的诗人歌德曾在《浮士德》中宣称："我永远不能满足自我。"无论你过去赢得了多少掌声和鲜花，赢得了多少赞美和荣誉，无论你的过去有多么辉煌，它都已经过去了，今天，我们应该从零开始。

球王贝利在20多年的职业生涯中，一共参加过1364场比赛，进球总数多达1282个，并且创造了一个队员在一场比赛中射进8个球的世界纪录。他的球技超凡，不仅令万千观众心醉，还经常令对手拍手叫绝。他不仅球艺高超，而且谈吐不凡。当他射进个人的第1000个进球时，有人问他："你觉得在你射进的1000个进球中，哪个进球是最精彩的?"贝利笑了笑，意味深长地说："下一个。"他的回答谦虚而含蓄，幽默而耐人寻味，就像他的进球一样精彩。

从贝利的回答中，我们看到了他有一颗不自满的心，也看到了他对未来的期望。面对辉煌的过去，他选择了空杯，选择了放下，选择了向前看，这种永不自满，永不懈怠的精神，不仅是一种胸有大志的人生状态，更是一种锐意进取的人生态度。有了这种人生态度，我们才能与时俱进，不断创造新的成绩，不断缔造新的辉煌。

当我们每天收获梦想，又播种新的希望时，我们才真的发现：原来，一切的辉煌只代表过去，未来永远是一片空白。因此，只有在不断的自我否定、自我摒弃中，只有不断地自己战胜自己，我们才能不断自我超越。这种执着和拼搏的精神，会使我们不断从优秀走向卓越。这一点在著名乒乓球运动员张怡宁身上有非常好的体现。

张怡宁 5 岁开始打乒乓球，小时候她受《西游记》的影响，觉得做大王十分威风，于是特别想成为乒坛上的大王。自从有了这个念头，她便一直朝这个梦想努力。

在进入国家队之前，张怡宁在各种比赛中，几乎没有尝过败绩。带过张怡宁的教练都说："她一拿起球拍就有了灵气，很多看似不可能的球她都能接回去，在同龄人里面，她出类拔萃，想不注意到她都困难。"

然而，张怡宁并没有因别人的夸奖而洋洋自得，更没有因自己获得那么多荣耀而自满。她把过去的荣耀放下，把每一次比赛都当成新的开始。为此，她在平时的训练中非常刻苦，为的是早日登上世界乒乓的最高领奖台，获得奥运会女单冠军。

2004 年 22 岁的张怡宁参加雅典奥运会，夺得了女子单打和双打的两枚金牌，她终于站在了最高的领奖台上，实现了自己"乒乓大王"的梦想。夺冠之后，张怡宁并未沉浸在过去的荣耀中，而是继续刻苦训练。

2005 年，张怡宁夺得第 48 届世乒赛女单冠军，实现世锦赛、奥运会和世界杯的大满贯。2008 年北京奥运会上，她再次和队友夺得了乒乓球女子团体赛的冠军，并成功卫冕了女单冠军。

张怡宁为什么不断超越自己，不断书写辉煌呢？因为她有空杯心态，懂得忘记自己的光环，懂得放下过去的荣耀，才能不断挑战自我。挑战自我，是对已经获得的成功、对已经存在的某种状况不满，也是对某种理想境界的追求，是在一步步向完美靠近。

有人说，最圆满的未来总是建立在淡忘过去的基础上，只有摆脱过去成功的枷锁，我们才能继续走好。每个人都会有过去，也许辉煌，也许平庸，也许失败，过去只代表过去，过去只能成为回忆，痛苦的过去不值得我们留恋，辉煌的过去也不值得我们留恋。流连于过去的成功，往往会使我们不自觉地停下前进的脚步。

过去的成功是你人生成就的见证，这种见证无须多言，早已在滚滚向前的历史长河留下神韵一笔。因此，不要总是把过去的荣耀挂在嘴上，也不要总是放在心里，时时回味，自我满足。如果过于沉湎在昨天的辉煌中，辉煌的昨天就会成为我们今天前进的绊脚石，唯有抹去昨天的辉煌，放下昨天的荣耀，今天才能有一个新的开始。

有一位作家曾经说过：“自己把自己说服了，是一种理智的胜利；自己被自己感动了，是一种心灵的升华；自己把自己征服了，是一种人生的成熟。”大凡能够说服自己放下过去的荣耀，大凡能够取得让自己感动的成功，大凡能够征服自己的人，就能战胜人生旅途中一切的挫折和不幸，这种人在辉煌荣耀时，想必也只是淡淡一笑，然后继续向人生的下一个目标进军。